フードビジネス論

「食と農」の最前線を学ぶ

大浦裕二・佐藤和憲

[編著]

ミネルヴァ書房

フードビジネス論
——「食と農」の最前線を学ぶ——

目　次

序　文	フードビジネスの考え方

《イントロダクション》

　本書はフードビジネスを理解するための教科書あるいは参考書として
執筆・編集したものである。本論に入る前に，本書におけるフードビジ
ネスの捉え方や特徴を示すとともに，スムーズな学習に向けて各章のね
らいと内容を概説する。

［1］ フードビジネスとは

　食は我々の生活にとって身近な存在で，かつ生命を維持するうえで欠かすこ
とのできない重要なモノ（商品）であり，かつコト（場面）である。この食を
消費者に対して安全に，かつ効率的に提供するため，農業生産をはじめとし，
食品製造業，食品卸売業，食品小売業，外食産業，中食産業など様々な食品関
連産業によるフードシステムが形成されてきた。しかし近年では，消費者によ
る食べ残し，事業者による廃棄など食品ロスの問題，また，商店街などで小売
店が撤退する中で高齢者などの生活弱者の買い物が困難になっているフードデ
ザート問題といったように，フードシステムをめぐる社会問題も起こっている。

　本書では，フードシステムにおける効率的な生産，流通，消費，さらにそこ
から派生する社会問題の解決に関するビジネスを「フードビジネス」とする。
食品産業の活動はもちろんフードビジネスであるが，農業のスマート化による
効率的な生産システムの構築や，自ら農畜産物の加工や販売までを行う6次産
業化といった生産者の活動，さらに，消費者が一事業者として料理を配送する
システム（Uber Eats など），SNS を利用した食情報発信（YouTube, Instagram
など）やオークション取引（メルカリ，ヤフオクなど）もフードビジネスの範囲
とする。

2 フードビジネスの特徴

　フードビジネスを理解するためには，食品の商品としての特徴や流通の特徴，さらにこれらの社会との関係を見ておく必要がある。

　食品の商品としての特徴として，必需性，飽和性，習慣性，生鮮性，安全性の5つが挙げられる。人は食料なしでは生きていけないため，継続的に食品を摂取しなければならない（必需性）。ただし，食品の保存性や1人が摂取できる食品の量を考えると，いくらでも消費できるというものではない（飽和性）。なお，この飽和性は，特定栄養素の過剰摂取や不足など栄養面での問題にもつながっている。また，食には習慣性があり，その形成には幼少期の食事が影響すると言われており，消費者が同じ食品を継続的に購入する行動にもつながる。生鮮性については，食品の種類によって程度は異なるものの，鮮度が食品の味と安全性に大きく影響する。このように生鮮性と安全性は関連しているが，食品は人の体内に入るものであり，嗜好，機能性などの品質と同様に安全性はきわめて重要である。食品安全技術は進歩しており，国の食品安全委員会から末端の保健所に至るまで食品安全行政は強化されているが，食品関連産業も食品の安全性向上に努めている。

　食品のこのような商品特性は，流通のあり方にも影響している。日本の食品流通の特徴としては，多様な流通経路，温度帯別の流通，政府の関与の3つが挙げられる。例えば，加工度が低い野菜，果物，精肉，鮮魚などの生鮮品の流通においては，日本では鮮度を重視しながら効率的に産地から消費地に届けるハブとして卸売市場が中心的な役割を担っている。一方，インスタントラーメンや冷凍食品などの加工食品の場合は，生鮮食品に比べて保存性に優れ工業製品に近い性格を持つため，食品卸売業を通しての流通が中心である。

　また，このような多様な流通経路において，安全性や鮮度保持を目的に温度帯別の流通が進んでいる。それぞれの食品の品質保持に適した温度帯別の流通は，近年発達した流通技術であるが，これにより流通できる範囲が格段に広がり，地球の裏側までも生鮮品を届けることが可能となっている。

　さらに，食品は必需性という特徴を持つため，国民への安定的な供給が不可欠であり，したがって生産や流通の各場面で政府の一定の関与が必要である。

ただし，わが国ではこれまで政府の関与を小さくする方向に進んできている。

　このような中，食品ロスやフードデザート問題，子供の貧困問題といった従来，行政が取り組むべきと考えられてきた社会問題に対して，CSR（Corporate Social Responsibility：企業の社会的責任）の観点から主体的に取り組むフードビジネスも見られるようになってきている。

③ 本書の構成

　本書は食料経済学をベースとし，領域が近い農業経済学，農業経営学に加えて，消費者行動論，行動経済学などの周辺領域の学問の考え方も参考とし，フードビジネスの観点から消費及び流通の特徴，さらに社会問題との関係を取りまとめたものである。

　本書の読者としては，経済・経営学部，農業経済・食料経済関係学部の教養課程から３年生程度を想定している。また，農業や食品関係の仕事に携わる社会人が，ビジネスを理解，実践するうえでの参考書としても活用できるものを目指した。

　本書は主に食料経済学に基づくことから，第１章でまず食料経済学の基礎理論を解説している。つぎに第２章から第４章で，フードビジネスの最終的な顧客である消費者に焦点をあて，食品の消費の特徴を解説している。第５章から第８章は，食品の流通や外食産業の変化，食品のマーケティングについて解説している。そして第９章と第10章では，農業生産に目を向け，近年進展が著しい農業のビジネス化やスマート化の動向を解説している。最後に第11章から第14章では，食をめぐる様々な問題を取り上げフードビジネスの役割や取り組みを解説している。

　各章の要約は以下のとおりである。

　第１章では，ミクロ経済学の消費行動理論を中心とした食品消費量が決定するメカニズムや，食生活の変化の説明に役立つ食料経済の基礎理論について説明している。近年はミクロ経済学が想定している人間の合理性は限定的であるという批判が大きいことを指摘し，食品企業や小売業のマーケティング戦略が

食品選択に与える影響も無視できないと述べている。そして，「限定合理性」から生みだされた行動経済学の潮流やフードビジネスと食品消費の関連について解説している。

　第2章では，最終的な顧客である消費者の傾向を理解するため，日本における食料品の消費の仕方がどのような特徴を持っていて，どのように変化しつつあるのかを解説している。食に対する消費志向及び食事形態の変遷として食の外部化や食の簡便化について解説し，また，食料の品目ごとの消費傾向と年間収入階層別にみた食料消費傾向を確認している。そして，それらの食料消費見通しの結果を踏まえながら，マーケティング戦略の策定に活かせる視点を提示している。

　第3章では，食生活を「食行動」という考え方を用いていくつかの過程に分解し，それぞれの特徴について説明している。食行動は，消費者が食料品店舗や商品を選択し，加工・調理を行い，食材を保存・廃棄するという一連の行動と位置づけている。食行動の中でも，店舗選択，商品選択，加工・調理行動，保存・廃棄行動の4つの行動に細分化して解説を行った後に，ミール・ソリューションの視点に立ったフードビジネスの展開方向を示している。

　第4章では，日本の食生活の変化を捉えたうえで，食生活を取り巻く多くの課題を示し，課題解決の重要な手段として，食育・食農教育の重要性を述べている。そして，食料自給率，食生活と食育関係の施策について解説を行い，それぞれが食や農，環境の課題解決に寄与することを指摘している。最後に，食育・食農教育の社会的意義及び役割について整理するとともに，食育・食農教育をめぐるフードビジネスの今後の可能性についても解説している。

　第5章では，食品製造業，食品卸売業及び食品小売業から構成される食品産業を対象として，この産業に関する基本的な専門用語を提示したうえで，産業としての定義と位置づけ，産業を構成する経済主体の役割を説明している。そのうえで近年における食品産業の構造上の特徴として，食料品製造業における労働生産性の低さ，食料品卸売業におけるW／R比率の高さとその低下傾向を指摘している。これらを踏まえて食品産業の2020年代の展望に関する見方・考え方を例示している。

　第6章では，中食を含めた広義の外食産業を対象として，産業規模と業種構成を整理したうえで，外食産業の特徴として多店舗展開とこれを支える仕組みについて詳説している。これを受けて，外食産業における業種・業態とその展開過程について，ファストフードにおける洋風ファストフード業態から和風ファストフード業態への展開過程を例にして解説している。さらに食材の品目構成と仕入チャネル及び農業参入，ＦＬコスト・比率による経営管理について解説している。最後に海外進出の動向と方法について述べている。

　第7章では，青果物，水産物，畜産物と米を対象として食料品の流通構造とその変化について，卸売段階における問屋や卸売市場の機能とその変化及びその背景について解説している。卸売市場については，歴史的な形成過程，機能と仕組み，取引と価格形成について詳説している。そのうえで，卸売市場を経由する青果物，水産物，畜産物の流通について特徴を補足している。米については法制度の変化と農協，卸売業者，小売業者の役割と変化について詳説している。

　第8章では，マーケティングについて，マーケティング・コンセプト，マーケティング環境，ターゲッティング，マーケティング・ミックス，ブランド形成といった基礎的な考え方と手順を述べながら，そのフードビジネスへの適用場面を事例をあげて説明している。食品のうち農産物は製品差別化を通じたブランド化の効果が長続きすることは困難なことを指摘したうえで，新技術による高品質化・均質化，流通チャネルや用途区分による差別化，及び立地条件，品種・技術及び認証制度を用いた地域ブランドの可能性について解説している。

　第9章では，農業経営体が加工や流通に進出する垂直的多角化の取り組みを「農業のビジネス化」と捉え，その背景として地産地消をめぐる動向を確認したうえで，典型的な農業ビジネス化の取り組みとして，農産物直売所，6次産業化，農商工連携の特徴を整理している。最後に，農業経営者による6次産業化には経営資源をめぐる様々な制約があることから，どの分野に多角化（内部化）できるのか否かを見極め，できない分野は他社・他業種に委ねながら良好な関係，さらに連携関係を築くことが肝要であるとしている。

　第10章では，農業・食品産業における発展方向として注目されているスマー

ト農業を取り上げ，スマート農業が注目される背景と政策展開を概観したうえ
で，生産段階の代表として土地利用型農業における自動走行，ほ場作業管理，
及び栽培支援システム，生産から流通段階の代表として園芸農業における選果
技術とデータ活用，施設園芸の環境制御，出荷予測システムなどについて取り
上げて検討し，今後の課題を指摘している。最後に，政府における ICT を活
用して農林水産業，食品産業さらに消費者の間の情報連携を実現するスマート
フードチェーンシステムの構築に関する動向を整理している。

　第11章では，現在顕在化している日常的な食料品の買い物に不便や困難を生
じる「買い物難民」あるいは「買い物弱者」が抱える食料品アクセス問題につ
いて述べている。食料品アクセス問題の原因や発生場所，アクセス困難人口を
確認したのちに，高齢者の買い物の実態と自立度，食品摂取の状況について整
理している。最後に，食料品アクセス問題解決の対策について述べ，有効な対
策として見直されている移動販売の取組事例について解説している。

　第12章では，人々の生命と健康の保護のため国際的に重要な課題となってい
る食品の安全性確保のための考え方と制度について解説している。トレーサビ
リティの仕組みや食品表示が食品安全確保にどのように寄与するかのかについ
て検討し，また，食品安全問題をめぐる消費者の認知や行動についても説明し
ている。最後にこれらを通じて，食品安全確保におけるフードビジネスの役割
について述べている。

　第13章では，フードビジネスをめぐる環境問題として関心が寄せられている
食品ロス・食品廃棄物と，食品の使い捨て容器・包装について解説している。
食品ロス・食品廃棄物の現状としてそれらの数量や発生する原因について説明
し，さらに食品ロス・食品廃棄物に関わる法律として食品リサイクル法と食品
ロス削減推進法，プラスチック製容器包装に関わる法律として容器包装リサイ
クル法についても説明している。最後に，環境問題とフードビジネスの展開方
向としてフードバンクやフードシェアリングにも触れている。

　第14章では，食料の国際的な取引である貿易について，その制度及び国際
ルールについて説明し，次いで日本の食料貿易の現実についても解説している。
まず食料貿易に関わる制度や貿易の国際ルールとして GATT や FTA，EPA

を確認したのちに，日本の農水産物の輸出入の現状，それに伴って低下する食料自給率について述べている。そして，日本政府の戦略的目標となっている日本の農林水産物輸出政策について整理し，最後に食料貿易とフードビジネスについて触れている。

　本書は，総勢19名からなる合作であり，農業経済学及び食料経済学を専門とし，学術のみならず実業界においても活躍している若手から中堅の研究者に執筆いただいた。心より感謝申し上げる。また，野々村真希先生（東京農業大学）ならびに菊島良介先生（東京農業大学），大学院生の玉木志穂さんには，細部にわたる編集作業では大変お世話になった。ここに記して感謝致したい。最後に，本書の編集に多大なるご尽力をいただいたミネルヴァ書房の本田康広氏に感謝申し上げる。

　2021年立春　世田谷にて

大浦裕二／佐藤和憲

<table>
<tr><td>第１章</td><td>食料経済の基礎理論</td></tr>
</table>

《イントロダクション》

　本章では，ミクロ経済学の消費者行動理論を中心に，食料経済の基礎
理論である食品選択の経済理論，食品需要の弾力性について学ぶ。また，
近年はミクロ経済学が想定している人間の合理性は限定的であるという
批判も大きく，限定合理性から生みだされた行動経済学の潮流について
も触れる。

　キーワード：無差別曲線，予算制約線，最適消費，需要の価格弾力性，
　　　　　　　　需要の所得弾力性，エンゲルの法則，行動経済学，限定合
　　　　　　　　理性，プロスペクト理論

１　食品選択の経済理論

　食料の需要はどのように決まるのであろうか。この説明にはミクロ経済学の
消費者行動理論が役に立つ。ランチメニューの決定を例に考えてみよう。

　ランチで食堂のメニューを見て何を食べるかを決めるとき，ランチだったら
これくらいの値段までなら許容できるという条件の下，これがいいと気に入っ
たものを選んだことがある人は多いのではないか。予算の制約の中で，最も満
足度が高くなる財を選んだと言い換えることができるであろう。こうした行動
をミクロ経済学では予算制約下における効用最大化行動として呼び，消費者は
常にこのように行動していると仮定している。

(1)　効用と無差別曲線

　「効用」という表現になじみのない方も多いと思うが，効用とはある財を消
費することで得られる消費者の満足の度合いである。相対的なもので単位はな
く，比較して順序付けることに意味がある。例えば，喫茶店でコーヒーと紅茶
どちらかを注文するという状況を考える。ミクロ経済学では，紅茶を注文した

人について「紅茶1杯を飲むことから得られる効用が，コーヒー1杯を飲むことから得られる効用よりも高い」と表現する。つまり，消費者は得られる効用が高い財を好んで消費するとミクロ経済学では考えるのである。満足度そのものは個々人が感じるものであり，直接観察することができない。予算制約下における効用最大化行動を仮定して，結果としての行動から，効用を最大にする選択肢を選んだと推察するのである。

　財の消費量と効用の関係はどうであろうか。まず，1つの財の消費量と効用の関係を考える。喉が渇いたときに冷たい水を飲むことを例に説明しよう。水を1口，2口と消費することで喉に潤いがもたらされ，満足度自体は高まるであろう。はじめに口に含んだ時の満足度と2口目の満足度は同じだろうか。1口目の満足度の方が高い人が多いであろう。このように，1つの財の消費量と効用は，財を消費することで満足度そのものは高まるが満足度の増え方が減少していく関係にある。

　つぎに，2つの財の消費量の組み合わせと効用の関係を考える。リンゴとミカンを取り上げることにしよう。リンゴの消費量と効用，ミカンの消費量と効用の間には先ほど説明したとおり1つの財の消費量と効用の関係が成立している。

　ここでポイントとなるのは2つの財の組み合わせと効用の関係である。ミカンもリンゴも消費量が多いほど効用が高くなることは想像できるであろう。具体的にどのような関係にあるかは仮定を置くしかない。ある人は，リンゴの消費量とミカンの消費量を足し合わせたものが効用かもしれないし，ある人はリンゴの消費量とミカンの消費量を掛け合わせたものが効用かもしれない。ここで，指を使った計算や九九では，答えが同じになる組み合わせはたくさんあったことを思い出して欲しい。例えば，答えが6になる足し算であれば，1＋5，2＋4，3＋3などいろいろな組み合わせがある。答えに該当するのが効用と考えれば，同じ効用をもたらす財の組み合わせが複数あることは想像できるであろう。同じ効用をもたらす2つの財の組み合わせのグループを線で表したものを無差別曲線と呼ぶ。この無差別という言葉からはイメージがつかみにくいと思うが，感覚としてはよく優柔不断な人が使う「どちらでもよい」という言葉に近い。この「どちらでもよい」は「どちらも私にとっては同じ効用である」

と言い換えることができる。

　２つの財の組み合わせと効用の関係をグラフで表すと**図１-１Ａ**左のように立体的になる。２つの財の組み合わせが奥行きと幅，効用が高さを表す立体的なグラフになる。効用は高さを表すこと，無差別曲線は同じ効用をもたらす財の組み合わせであることを思い出して欲しい。ケーキのような立体的な図形を，ある高さで水平に切る時の切り口が無差別曲線となるのである。切り口である平面状では効用が同じである。これらの図形を上から見下ろすと，**図１-１Ａ**右のようになる。U_A，U_B，U_Cと３つの効用水準を考える。$U_A < U_B < U_C$とする。効用水準がU_Aの時の切り口，U_Bの時の切り口，U_Cの時の切り口を上から見下ろすとどのように見えるであろうか。U_Aの無差別曲線が平行（形と向きを変えず）に，原点（縦軸と横軸の交点）から遠ざかっていくように移動した先に，U_Bの無差別曲線，U_Cの無差別曲線が存在する。このように，平面でみると原点から遠いほど効用が高くなる。

　ここで無差別曲線について整理すると，地図の等高線が同じ高さの点の集合であるように，無差別曲線は同じ効用の点の集合である。効用の高さは原点からの距離で判断する。原点から離れるほど効用は高くなる。切り口が無数に存在するため，無差別曲線は無数に存在するが，それぞれの曲線の位置関係は平行であり，同一人物の無差別曲線は決して交わらない。

(2)　予算制約線

　これまで，効用について説明してきたが，予算（所得）はこの無差別曲線のグラフでどのように表現できるであろうか。よくグラフ上では直線で表現されるが，その時も予算でそれぞれの財が最大でいくつ購入できるかを考えるだけでよい。例えば1,800円の予算で，リンゴが１つ300円，ミカンが１つ200円である場合，リンゴは最大で６個（300円×６個＝1,800円），ミカンは最大で９個（200円×９個＝1,800円）購入できる。リンゴとミカンどちらを縦軸，横軸にしてもそれぞれ予算で購入できる最大数量を確認し，その点と点を結ぶ線が予算制約線となる。線上の点はどこであっても，1,800円を目いっぱい使って購入する組み合わせとなる。縦軸，横軸，予算制約線からなる三角形の内側は，予算を少し余らせる場合も含めて，1,800円での予算内で購入できる組み合わせ

図1-1 無差別曲線と消費均衡点

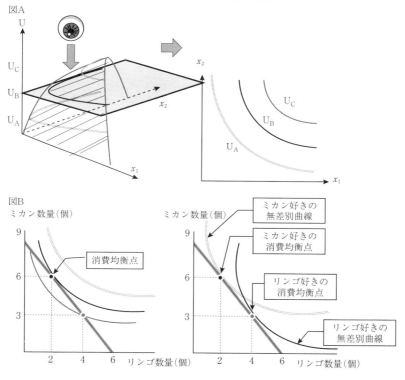

を表す。

(3) 消費均衡（最適消費）点

予算制約線上のどの点で購入量が決定するかというと，予算制約線（目いっぱいの購入セット）と，無差別曲線（一番満足度が高い）が接する点である。曲線と直線が「接する」ことと「交わる」ことは異なる点に注意が必要である。例えば，半円と直線の位置関係では，「1点で接する」「2点で交わる」である。接することが重要なのである。接する点のことを接点，交わる点のことを交点と呼ぶ。

この予算制約線と無差別曲線の接点が消費均衡（最適消費）点であり，財の消費量の組み合わせを表す。この組み合わせは，予算の制約の下，個人の効用を最大にするという意味で，最適消費である。図に表すと，図1-1 B左の黒

図1-2　需要曲線の導出

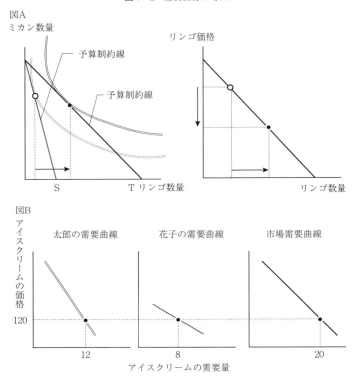

色の点が予算制約線と黒い無差別曲線の接点である消費均衡点である。なぜ，消費均衡点が二重線で示される無差別曲線上の点でもなく，灰色の点（予算制約線と灰色の無差別曲線との交点）でもないかという理由を説明すると，今の予算制約では二重線で示される無差別曲線上の効用は達成できない。灰色の点は予算制約で達成できる点ではあるが，黒い点より効用水準が低いためである。

　もちろん，人の好みはそれぞれであり，ミカン好きとリンゴ好きでは消費均衡点が異なる（図1-1B右）。同じ予算制約でもミカン好きの人はミカンを多く購入し，リンゴ好きの人はリンゴを多く購入するであろう。予算制約線上のいずれかの点で無差別曲線と接する点が誰かの消費均衡点となる。

(4)　個人の需要曲線と市場の需要曲線

　財の価格が変化すると，その財を購入できる最大の購入数量が変化する。す

なわち，予算制約線が変化するのである。予算制約線で，価格の低下は最大購入可能数量の増加，価格の上昇は最大購入可能数量の減少で表現される。図1－2Aでの灰色の予算制約線から黒色の予算制約線への変化は，リンゴの価格低下を意味する。これは，灰色の予算制約線ではリンゴの最大購入可能数量（予算制約線と横軸との交点）がSであるのに対し，黒色の予算制約線ではTに増加していることから，価格が低下していると判断する。価格の変化に応じて消費均衡点は変動する。灰色の予算制約線の下でのリンゴの価格では点線で表される無差別曲線との接点（白色の点）が消費均衡点であったが，黒色の予算制約線の下での低下したリンゴの価格では，二重線上の無差別曲線との接点（黒色の点）が消費均衡点となる。つまり，接する無差別曲線が変化するのである。このように，価格が変化すると消費均衡点が変化する。ある財の価格が変化した時の個人の消費均衡点の変化（図1－2A左）をひとつひとつ点にしてつなげていくと，その財に対する個人の需要曲線となる（図1－2A右）。また，ある財の市場の需要量とは個人の需要量の合計であり，個人の需要曲線から導かれる。例えば，消費者が太郎さんと花子さんの2人しかいないアイスクリームの市場を想定すると，120円での太郎さんのアイスクリームの需要量，花子さんのアイスクリームの需要量を足し合わせると，市場全体の需要となる。このように，それぞれの価格で個人の需要量を足し合わせることで，市場全体の需要曲線が導かれる（図1－2B）。

　財の数が2つより多くなると平面での表現が難しくなるため，ここでは割愛するが，財の数がいくつであっても予算制約線は数式としては表現できる。無差別曲線はその中からある財を取り出し，その他の財の価格や購入量はまとめて1つの財としても考えることもできる。これらのことを完全に理解するには全微分，偏微分等の数学の知識を要するため，ミクロ経済学の教科書に譲ることとする。

［2］食品需要の弾力性とエンゲルの法則

　第1節では，食品選択の経済理論について説明した。そこでは，食品消費量は，消費者選好を表す無差別曲線，予算（所得）と価格からなる予算制約線に

よって決まることを明らかにした。では，価格，予算（所得）が変化したときに，食品消費量はどのように変化するのであろうか。この問いに対する分析ツールが需要の価格弾力性と所得弾力性である。

　需要の自己価格弾力性は，ある食品の価格が１％変化したときの需要量の変化率を示す指標であり，以下のように定義できる。

$$需要の自己価格弾力性 = \frac{消費量の変化率}{価格の変化率} = \frac{\dfrac{\Delta D}{D}}{\dfrac{\Delta p}{p}} = \frac{\Delta D}{\Delta p}\frac{p}{D}$$

ここで，D は需要量，p は価格，Δ は変化量を表す。需要の自己価格弾力性が（絶対値で）１よりも大きい場合は価格の変化以上に需要量が変化するため「弾力的」といい，１よりも小さい場合は「非弾力的」という。

　需要の自己価格弾力性の応用として，**需要の交差価格弾力性**という概念がある。需要の交差価格弾力性は，食品(Y)の価格が１％変化したときの食品(X)の需要量の変化率を示す指標であり，D_X は食品(X)の需要量，p_Y は食品(Y)の価格とすると，以下のように定義できる。

$$需要の交差価格弾力性 = \frac{食品(X)の需要量の変化率}{食品(Y)の価格の変化率} = \frac{\dfrac{\Delta D_X}{D_X}}{\dfrac{\Delta p_Y}{p_Y}} = \frac{\Delta D_X}{\Delta p_Y}\frac{p_Y}{D_X}$$

　食品(Y)の価格が上昇したときに食品(X)の需要量が増加すれば，交差価格弾力性はプラスとなり，食品(X)は食品(Y)の代替財と呼ばれる。一方，食品(Y)の価格が上昇したときに食品(Y)の需要量が減少すれば，交差価格弾力性はマイナスとなり，食品(X)は食品(Y)の**補完財**と呼ばれる。

　需要の所得弾力性は所得が１％変化したときの需要量の変化率を表す指標であり，I を所得とすると，以下のように定義できる。

$$需要の所得弾力性 = \frac{需要の変化率}{所得の変化率} = \frac{\dfrac{\Delta D}{D}}{\dfrac{\Delta I}{I}} = \frac{\Delta D}{\Delta I}\frac{I}{D}$$

　需要の所得弾力性の符号条件及びその大きさによって財を分類することができる。具体的には，需要の所得弾力性がマイナスの財，つまり所得が増加する

と需要量が減少する財は，**下級財**と呼ばれる。一方，需要の所得弾力性がプラスの財，つまり所得が増加すると需要量も増える財を**正常財（上級財）**と呼ぶ。正常財はさらに需要の所得弾力性が 1 よりも小さい財を**必需財**，1 よりも大きい財を**奢侈財**という。

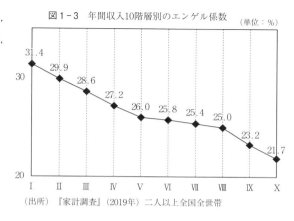

図 1 - 3　年間収入10階層別のエンゲル係数

(単位：%)

(出所)　『家計調査』(2019年) 二人以上全国全世帯

　需要の所得弾力性の概念は，**エンゲルの法則**という食料にかかわる重要な法則を生み出す。エンゲルの法則とは，所得水準が高いほど所得に占める飲食費の割合（**エンゲル係数**）が小さくなる現象を指し，国・地域を問わず世界的に観察される定型化された事実である。日本におけるエンゲル係数の妥当性を確認するため，図 1 - 3 に総務省「家計調査」から2019年のわが国の年間収入10階層別のエンゲル係数を示した。図より，所得の上昇とともに飲食費の割合が低下していることが確認できる。

　それでは，エンゲルの法則の成立条件は何であろうか。それは食品の必需性という特徴に起因している。食品は一般的に必需財であるため，需要の所得弾力性は 1 よりも小さくなる。実際，松田 (2019) によると，日本における所得弾力性は0.689〜0.889と推計されている。需要の所得弾力性が 1 よりも小さければ，所得が増加するほど所得に占める飲食費の割合が小さくなり，エンゲルの法則が成立することとなる。

　このようにエンゲルの法則が成り立つためには，食品需要の所得弾力性が 1 よりも小さいという条件が必要となる。逆に言えば，食品需要の所得弾力性が 1 よりも大きければ，つまり食品が奢侈財であれば，所得が増加するとエンゲル係数が増加するというエンゲルの法則の逆転現象が生じる可能性がある。この点について，谷・草苅 (2017) は，総務省「全国消費実態調査」の匿名デー

タを用いて，貧困非母子世帯と貧困母子世帯のエンゲル関数を比較して，エンゲル法則が成立していない事例に言及している。今後，所得格差との関連で，エンゲルの法則の逆転現象は重要な論点となるだろう。

③ 食料経済の新潮流：行動経済学

　ところで，予算制約下での効用最大化を説明した時，常に合理的な選択ができるのかと違和感を覚えた人も少なくないであろう。こうした従来のミクロ経済学では説明できない人間の感情や経験，あるいは認知的なバイアスなどの心理学的要素を取り組み，補完するものが行動経済学である。行動経済学で重要な概念は「限定合理性」である。この概念はハーバート・サイモン（1978年ノーベル経済学賞受賞）が提唱したもので，人間の認知能力には限界があるため，完全に合理的であることはできないというものである。エイモス・トベルスキーとダニエル・カーネマン（2002年ノーベル経済学賞受賞）は限定合理性の概念を，現実の意思決定と理論的に最適な意思決定との間に生じる乖離（バイアス；偏り）として理論的に発展させた。特に，不確実性下における意思決定モデルであるプロスペクト理論が有名である。リチャード・セイラー（2017年ノーベル経済学賞受賞）はナッジ（nudge）や限定合理性と社会的選好の関係について言及した。ナッジ（nudge）は，ひじで軽くつつくという意味であるが，心理的特性をテコにして人々によい行動を取らせるというものである。また社会的選好は，人々は自己利益だけを考えて意思決定するのではなく，公平性や他者の利益も考えて選好することを指す（依田 2018）。

　こうした行動経済学は食料消費の分野にも適用されている。例えば，食品の安全性に対して不安を覚える消費者心理についても行動経済学の理論は用いられている。また，野菜や果物の摂取，健康な食選択のために行動経済学を活用した研究が行われている。以下では，食品の安全と品質に関する財としての特性を確認したのち，行動経済学と食品の安全，健康な食選択との関連を説明していく。

(1) 食品の3つの属性

　一般に商品は消費者が品質を知るタイミングによって探索財・経験財・信用

財の 3 つに分類できる。探索財とは，自動車や住宅のように購入前に消費者によって十分な品質情報のチェックが行われる財を指す。経験財は，実際に購入してみてはじめて品質を確認する財であり，一般的に食品はここに分類される。信用財は，事後的にも品質が特定できない財である。

　食品はこうした 3 つの財の性質を兼ね備えており，食品の性質が 3 つに分類される場合もある。食品摂取前に消費者が知覚できる探索属性，食品摂取後直ちに知覚できる経験属性，食品摂取後も正確に知覚できない信用属性である。例えば，トマトの色は探索属性，味は経験属性，ビタミンなどの微量栄養素やリコピンなど成分は信用属性に該当する（Caswell, J. A. 1992，竹下・草苅 2019）。

(2)　食の安全

　経験属性と信用属性が，消費者にとっては食品を選択する時の不確実性となる。この不確実性すなわちリスクの認知に対して消費者の心理が大きく働く。消費者の関心事である安全性とは，実は「安心度」を意味しており，科学的手法を用いた測定値として示すことが可能な客観的な尺度である「安全度」とは異なる（中嶋 2014）。リスクを知覚し判断することに対して，消費者は科学的なリスク評価よりも過剰に反応してしまうことが指摘されている。リスクとは，ある危害が生じる確率とその危害の大きさを掛け合わせたものとされている。こうしたリスク下での意思決定理論として，先ほど紹介したカーネマンとトベルスキーのプロスペクト理論がある。リスクや不確実性のもとで，消費者の行動を説明するものである。その特徴として，①今までの経験や周辺情報に基づく評価基準（参照点）を基準としてとり得る行動の利得・損失が評価されること，②利得よりも損失の影響力が強いこと，③低い確率を過大評価する傾向などを指摘できる。これに関連して，リスクを評価するにあたり，あらゆる情報を体系的かつ網羅的に精査することはなく，簡単な情報処理方法であるヒューリスティクスを用いていることも指摘される。「国産であれば安全」といったような固定観念を評価の判断基準にしがちな代表性ヒューリスティックなどが挙げられる（氏家 2019，茂野 2019）。

　それでは，供給者である企業はどのように消費者を安心させるのだろうか。属性の特性に合わせて，消費者を安心させるための対応がとられている。探索

属性に関しては，事前に製品を消費者がチェックすることで被害を防ぐことができる。経験属性に関しては，誰かが被害を受けた後は，どこに問題があったかを確認できるシステムである食品のトレーサビリティが有効であろう。信用属性は，事後的にも悪影響があったのか分からないので，被害をとめることは難しい。供給する企業・生産者による情報の開示及びその信頼関係の構築が重要となる。こうしたことから，信用属性に関してはその信頼関係を構築するため，様々な対応がとられている。道の駅などの農産物直売所で生産者の顔が見えるようにするのも信頼性の担保の1つある。また広域流通している食品には国や認証機関が携わることが多い。例として，有機農産物はJASマーク（農林水産省や第三者機関による認証），健康には特定保健用食品（トクホ）のマーク（消費者庁の許可）や機能性食品の表示（企業や団体）というように科学的根拠が求められている。

(3) 信用属性と健康食品の消費

　食品の信用属性として，近年需要が高まりつつある健康が挙げられる。健康志向の消費者というのは経済学ではどのように位置づけられるのであろうか（依田・後藤・西村 2009）。

　第一に，健康食品の購買行動は時間上の選択の問題と考えられる。健康食品の購買は健康の維持増進という形で，将来の効用を高める。つまり，健康食品の購買行動は，現在の効用と将来の大きな効用の間の選択問題である。将来の効用（健康）よりも現在の効用（食欲）を優先してしまう特性を将来の効用を大きく割り引いていると捉えて，将来を割り引く程度である時間割引率が高いと表現する。現在バイアスが強いとも表現できる。ダイエットを計画しても実行することが難しい理由の説明となる。つまりは，時間割引率が低く，忍耐強い人が健康食品を利用すると考えられる。

　第二に，健康食品の購買はリスク下の選択問題と捉えることができる。前述のように，健康食品の購買行動は将来の健康形成への投資的な側面を持ち，健康食品の購買が健康形成にどのように影響するかは人によって異なる。つまり，健康食品の購買は不確実な健康維持増進という利益をどのように評価するかという問題である。大きな変化や未知なる不安を避けたいという危険回避度が高

い人ほど，現状を維持したくなる心理効果である現状維持バイアスが働くであ
ろう。

［4］　食料経済とフードビジネス

　本章では，ミクロ経済学の消費者行動理論を中心に，食料経済の基礎理論で
ある食品選択の経済理論，食品需要の弾力性について学んだ。また，近年はミ
クロ経済学が想定している人間の合理性は限定的であるという批判も大きく，
限定合理性から生みだされた行動経済学の潮流についても触れた。本章の食料
経済の基礎理論は，フードビジネスにどのように活かすことができるであろう
か。

　第一に，需要の価格弾力性は価格設定に有益な示唆を与えてくれる。一般に
食品需要の価格弾力性は小さいことが指摘されている。これは多少価格を高め
に設定しても，需要が大きく減少しないことを意味する。近年 6 次産業化等，
農業の高付加価値化が推進されているが，農産物の高付加価値化はこの点から
も有効性が示される。

　第二に，行動経済学とマーケティングである。先ほど紹介したプロスペクト
理論はマーケティングの分野でも活用されている。プロスペクト理論の含意の
一つに損失回避性がある。損失回避性は，人々が参照点（参照価格）を基準に
利得・損失を評価し，利得よりも損失の影響力が強いことを意味している。こ
の点を価格設定に当てはめれば，参照価格を基準として，価格が値下がりした
時よりも，価格が値上がりした時の方が人々の不満足度が高くなることを意味
する。参照価格から値上がりしたときに人々の満足度が大きく減少してしまう
ため，参照価格を下げない方策，例えば，「クーポンを発行し，商品の価格を
割り引く」「購入金額の一定割合のポイントを発行する」などがマーケティン
グ戦略として考えられる。

（中嶋晋作・菊島良介）

推薦図書
神取道宏（2016）『ミクロ経済学の力』日本評論社。

中嶋康博（2014）『食の安全と安心の経済学』コープ出版。

大竹文雄（2019）『行動経済学の使い方』岩波新書。

坂井豊貴（2017）『ミクロ経済学入門の入門』岩波新書。

時子山ひろみ・荏開津典生・中嶋康博（2019）『フードシステムの経済学 第6版』医歯薬出版。

練習問題

1　ある食品の価格が200円から150円に下落したとき，需要量が30単位から35単位に増加した。この場合の需要の価格弾力性はいくらになるか考えてみよう。ただし，当初の価格と需要量を基準として計算するものとする。

2　行動経済学の食料消費分野への適用を紹介したが，身の回りの出来事や似たような事象で行動経済学の理論で説明できるものはないか考えてみよう。

第２章	食に関する消費形態の変化

《イントロダクション》

　本章では，フードビジネスについて学ぶ前段階として，最終的な顧客である消費者の傾向を理解するため，日本における食料の消費の仕方がどのような特徴を持っていて，どのように変化しつつあるのかを把握する。具体的には，家庭で調理をせず，コンビニエンスストアでの弁当等の惣菜の購入や，外食を選択する機会が増えている点，少子高齢化や単身世帯の増加により，今後高齢単身世帯が食料を消費する割合が増える点，健康志向への訴求も重要な点，年間収入階層ごとの食生活の違いなどを学ぶ。

　キーワード：内食，家庭食，加工食品，外食，食の外部化，少子高齢化，
　　　　　　　単身世帯の増加，健康志向，食に関する社会的弱者

1 食料消費傾向に関する問題意識

　今日，私たちの身の回りでは，食料品の購入に当たって沢山の選択肢がある。例えば野菜について考えると，量販店や八百屋で生鮮野菜を購入できる他，量販店やコンビニエンスストアで野菜を使った沢山の惣菜も購入できる。[(1)] 外食店でも，サラダや野菜炒めなど多くのメニューで野菜が使われている。

　野菜に限らず，現代社会において食料品の選択肢はとても多いが，実際には，私たちはどのような消費の傾向を持っているのだろうか。フードビジネスを学ぶに当たり，顧客となる消費者の傾向を把握することは非常に重要である。ここでは，筆者らが推計した2040年までの食料消費見通し[(2)]の結果も踏まえながら，データで食料消費傾向の変化を見ていきたい。

2 消費志向及び食事形態の変遷

　私たちの食事形態は，大きく３つに分類することができる。１つ目は，家庭

図 2 - 1　食事形態別の食料支出割合の将来推計

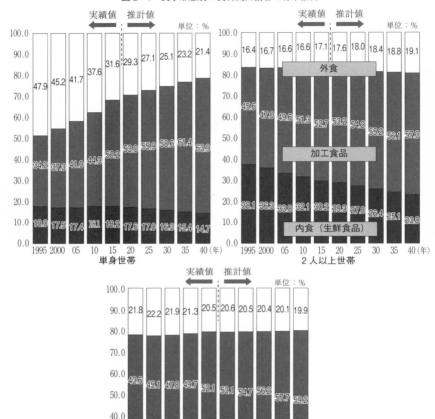

注 1：2015年までは，家計調査，全国消費実態調査等より計算した実績値で，2020年以降は推計値。
注 2：内食（生鮮食品）は，米，生鮮魚介，生鮮肉，牛乳，卵，生鮮野菜，生鮮果物の合計。加工食品は，
　　　パン，めん類，他の穀類，塩干魚介，魚肉練製品，他の魚介加工品，加工肉，乳製品，乾物・海藻，
　　　大豆加工品，他の野菜・海藻加工品，果物加工品，油脂，調味料，菓子類，主食的調理食品，他の調
　　　理食品，茶類，コーヒー・ココア，他の飲料，酒類の合計。
（出所）　農林水産政策研究所 Web サイト（https://www.maff.go.jp/primaff/seika/attach/pdf/190830_1.
　　　　pdf）（2020年 2 月19日閲覧）

図2-2　世帯主の年齢階層別の食事形態の変化

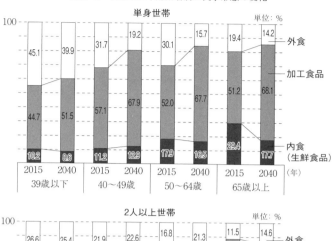

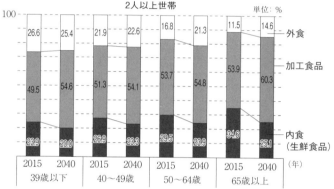

注：2015年は，家計調査，全国消費実態調査等より計算した実績値で，2040年
　　は推計値。
（出所）　農林水産政策研究所推計。

で生鮮野菜や生鮮魚介，生鮮肉といった生鮮食品を調理する内食。2つ目は，
弁当・惣菜といった中食を含む，家庭で購入する前に調理が施された加工食品
の利用。3つ目は，外食店で食事をする外食である。これらの3つの分類別の
消費の推移を，図2-1で示す。単身世帯の傾向を見ると，外食や内食（生鮮
食品）が減少する中で，加工食品への支出割合が2015年の50.2％から2040年の
63.9％へ大きく増加する傾向が窺える。2人以上世帯では，外食が微増である
一方で内食（生鮮食品）は大きく減少し，そのため加工食品への支出割合が
2015年の52.7％から2040年の57.0％へ大きく増加する。これらを合算すると，

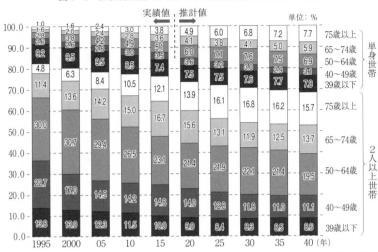

図2-3　世帯類型別，世帯主の年齢階層別食料支出割合の推移

実績値｜推計値

単位：%

	1995	2000	05	10	15	20	25	30	35	40 (年)	

（75歳以上　65～74歳　50～64歳　40～49歳　39歳以下）単身世帯

（75歳以上　65～74歳　50～64歳　40～49歳　39歳以下）2人以上世帯

注：2015年までは，家計調査，全国消費実態調査等より計算した実績値で，2020年以降は推計値。
（出所）　農林水産政策研究所 Web サイト（https://www.maff.go.jp/primaff/seika/attach/pdf/
　　　　190830_1.pdf）（2020年2月19日閲覧）

　総世帯では外食が微減であり，また内食（生鮮食品）は大きく減退し，加工食品が2015年の52.1％から2040年の59.2％へ大きく伸びる見込みである。

　さらに，世帯主の年齢階層別の傾向を見たものが，図2-2である。[3] 単身世帯では，いずれの年齢階層でも2015年から2040年にかけて外食が減少し，加工食品が増加している。内食（生鮮食品）については，64歳未満ではどの階層もほぼ横ばいである一方，65歳以上で2015年の29.4％から2040年の17.7％へ大きく減少する見込みである。2人以上世帯では，世帯主が39歳以下の世帯以外で内食（生鮮食品）が減少し，外食と加工食品が増加している。以上のように，加工食品や外食といった，従来家庭内で行われていた調理や食事を家庭外に依存する状況が見られるが，そうした傾向を「食の外部化」と呼ぶ。

　こうした「食の外部化」が進む要因について，長期のデータから検証したこれまでの研究では，単身世帯の増加等の世帯規模の縮小により，[4] 世帯員の食事をまとめて準備する習慣が減ったことや，女性の社会進出等で多忙になり，食事を準備する機会が少なくなったこと，所得水準の向上により相対的に高価な

図2-4　食の志向の推移

単位：％

（出所）　日本政策金融公庫 Web サイト「農業食品に係る調査」（https://www.jfc.go.jp/n/findings/investigate.html#sec04）（日本政策金融公庫　農林水産事業本部）（2020年4月閲覧）

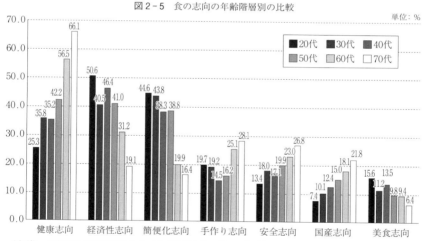

図2-5　食の志向の年齢階層別の比較

単位：％

（出所）　日本政策金融公庫 Web サイト「農業食品に係る調査（令和元年7月調査）」（https://www.jfc.go.jp/n/findings/investigate.html#sec04）（日本政策金融公庫　農林水産事業本部）（2020年4月閲覧）

外食や加工食品がよく選ばれることなどが実証されている（茂野 2004：草苅 2006）。図2-1や図2-2で示したように，こうした傾向は今後も続く見込みであり，加工食品や外食のニーズに即した農水産物の供給が必要となる。

　続いて，今後の食料品の消費者の特徴を把握するため，世帯類型別・世帯主

の年齢階層別の食料支出割合を図2-3で示す。単身世帯の食料支出構成割合が大きく増加し，各年齢階層を合算すると2015年の23.4％から2040年には31.4％まで単身世帯の支出額割合が伸びる見込みであることが分かる。また，世帯主が65歳以上の世帯の支出割合も増加する。世帯主が65歳以上の世帯の支出割合は，単身世帯と2人以上世帯を合算すると，2015年の36.2％から2040年には43.0％まで伸びる見込みである。近年，少子高齢化や単身世帯の増加が進んでおり，今後は高齢・単身世帯の食料支出割合が大きく伸びることが分かる。

　本節の最後に，年代別の食の志向について，日本政策金融公庫が行った食の志向に関するアンケートの結果を示す（図2-4，図2-5）。まず，食の志向の推移は，健康志向，経済性志向，簡便化志向のいずれも，増減はあるものの中長期的に上昇傾向であることが分かる。このうち経済性志向について，2008年5月から2010年1月にかけて大幅に上昇しているが，これはリーマンショックの影響の可能性が考えられる。続いて，年代別の比較を行いたい。そうした健康志向や安全志向，国産志向等は，年代が高いほど高い割合を示している。一方で，「食の外部化」と関連の深い簡便性志向や手作り志向については，年代が高いほど簡便性志向が低く，手作り志向が高いことから，「食の外部化」が若年層を中心とした傾向である様子が窺える。また，食生活において節約をする経済性志向も根強く，若年層ほどその傾向が強い状況にある。

（3）食料の品目ごとの消費傾向

　続いて，個別の品目の消費傾向について整理する。まず，米やパン，めん類といった主食や，生鮮食料品として家庭で調理されることが多い農畜水産物の消費傾向を見る（表2-1）。

　1人1カ月当たり支出額において，主食のうち米が減少する一方，パンが増加し，めん類が横ばいで推移することが分かる。食の洋風化が今後も続き，パンの消費は増加する一方で，米の消費は継続して落ち込むようである。また農畜水産物では，1人1カ月当たり支出額において生鮮魚介と生鮮果物の消費が大きく落ち込む見込みである。こうした傾向は，前述の「食の外部化」といった時代環境の移り変わりによるものと考えられる。特に，生鮮魚介の減少幅は

表2-1　主食や農畜水産物の消費見通し（1人1カ月当たり支出額）

年	2015	1995	2005	2015	2025	2035	2040
項目	支出額(円)	指数(2015年＝100.0%)					
米	618	151.3	120.0	100.0	87.8	75.0	70.3
パン	874	87.5	95.0	100.0	108.4	118.2	123.6
めん類	488	100.3	98.4	100.0	102.0	102.8	102.9
生鮮魚介	1196	178.3	145.3	100.0	80.1	61.1	53.6
生鮮肉	1839	117.2	95.3	100.0	103.9	108.2	110.7
生鮮野菜	1964	114.4	109.7	100.0	101.3	102.6	103.7
生鮮果物	891	133.2	123.1	100.0	92.7	82.6	77.9

注：2015年までは，家計調査，全国消費実態調査等より計算した実績値で，2025年以降は推計値。
（出所）　農林水産政策研究所推計。

表2-2　加工食品・外食の消費見通し（1人1カ月当たり支出額）

年	2015	1995	2005	2015	2025	2035	2040
項目	支出額(円)	指数（2015＝100.0%）					
塩干魚介	362	175.5	130.1	100.0	82.2	65.0	57.8
加工肉	460	95.5	88.9	100.0	112.0	129.2	138.5
果物加工品	73	62.8	72.8	100.0	131.1	181.4	211.4
主食的調理食品	1550	68.3	90.8	100.0	119.5	144.2	157.6
一般外食	5125	111.2	111.4	100.0	106.4	112.1	114.7

注：2015年までは，家計調査，全国消費実態調査等より計算した実績値で，2025年以降は推計値。
（出所）　農林水産政策研究所推計。

大きく，消費者の魚離れの傾向が窺える。

　一方，生鮮肉や生鮮野菜への支出額は増加する見込みである。生鮮肉であれば洋食化，生鮮野菜は健康志向への訴求によって支出額が増加した可能性があり，両産品は，前述の「食の外部化」といった時代環境の移り変わりの影響を比較的受けにくいと考えられる。

　次に，家庭外で調理が施された加工食品や外食の消費傾向を見る（表2-2）。表で挙げた加工食品・外食のうち，塩干魚介を除く品目で1人1カ月当たり支出額が大きく増加する傾向が窺える。各品目の2015年の支出額を100とした時，2040年に加工肉は138.5，果物加工品は211.4，主食的調理食品は157.6，一般外食は114.7まで伸びる。特に果物加工品への支出額は大きく伸びる見通しだが，これは，2010年代にコンビニエンスストア等で普及したカットフルーツの消費の伸びも影響した可能性がある。一方で，塩干魚介への支出額は大きく減

図2-6　年間収入階層別のエンゲル係数（2人以上世帯）（2019年）

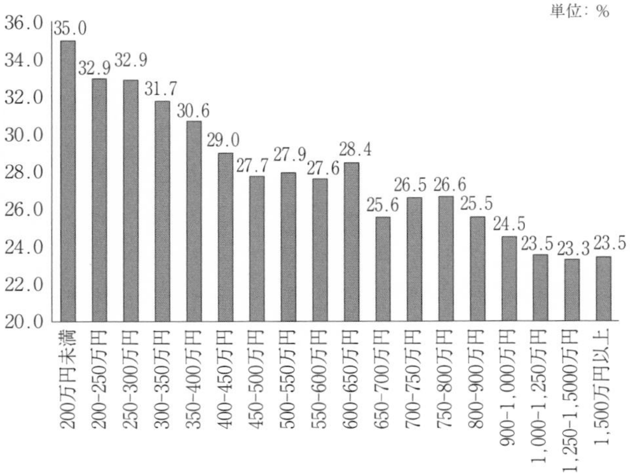

単位：%

注：エンゲル係数は，家計の消費支出額の合計に占める食料への支出額の割合。
（出所）　総務省「家計調査」

少する見込みであり，ここでも消費者の魚離れの傾向が窺える。

［4］　年間収入階層別にみた食料消費傾向

　続いて，世帯の年間収入階層ごとの食料消費の傾向を確認する。まず，「（食料への支出額）÷（世帯の消費支出額の合計）」であるエンゲル係数を見たい（図2-6）。エンゲル係数は，200万円未満層で35.0％と非常に高いのに対し，年間収入が増えるに従って低下し，平均的な世帯の年間収入である500〜550万円層で27.9％，1500万円以上層で23.5％となっている。食料は私たちが生きていくうえで必要不可欠な商品であり，消費をなくすことはできない。そのため，年間収入が200万円未満など，年間収入が低いほどエンゲル係数が高く，食料の確保が課題となりやすい点が示唆される。

　それでは，実際に年間収入階層ごとでどういった品目が選択されているのだろうか。図2-7は，2019年における2人以上世帯の年間収入階層別の品目別食料支出割合である。年間収入が低い層ほど，穀類や魚介類，野菜・海藻，果物，惣菜などの調理食品といった家庭での調理で活用する品目への支出割合が

図2-7　年間収入階層別の品目別食料支出割合（2人以上世帯）（2019年）

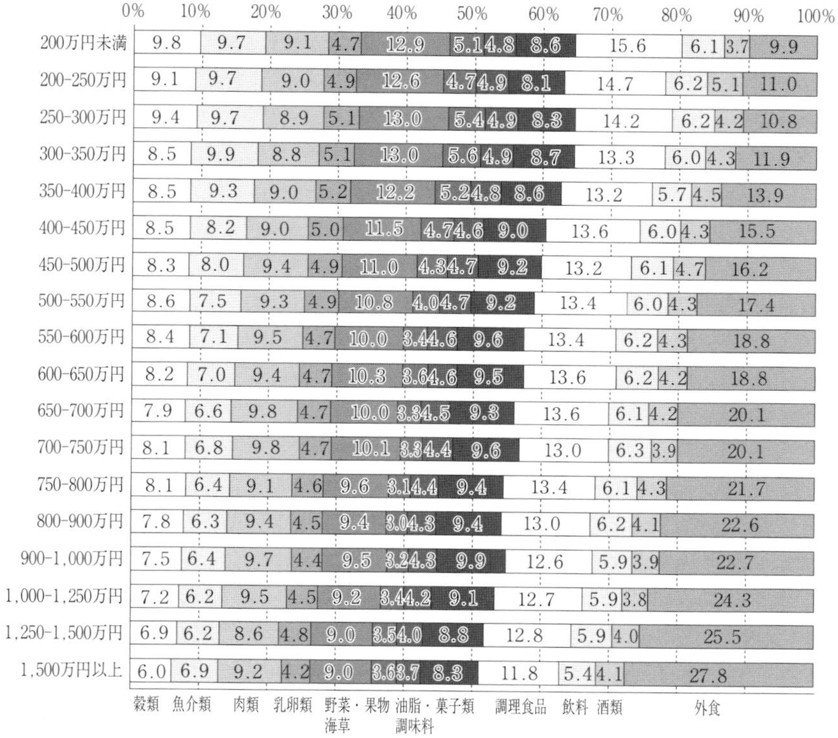

年間収入	穀類	魚介類	肉類	乳卵類	野菜・果物	海草	油脂・菓子類	調味料	調理食品	飲料	酒類	外食
200万円未満	9.8	9.7	9.1	4.7	12.9	5.1	4.8	8.6	15.6	6.1	3.7	9.9
200-250万円	9.1	9.7	9.0	4.9	12.6	4.7	4.9	8.1	14.7	6.2	5.1	11.0
250-300万円	9.4	9.7	8.9	5.1	13.0	5.4	4.9	8.3	14.2	6.2	4.2	10.8
300-350万円	8.5	9.9	8.8	5.1	13.0	5.6	4.9	8.7	13.3	6.0	4.3	11.9
350-400万円	8.5	9.3	9.0	5.2	12.2	5.2	4.8	8.6	13.2	5.7	4.5	13.9
400-450万円	8.5	8.2	9.0	5.0	11.5	4.7	4.6	9.0	13.6	6.0	4.3	15.5
450-500万円	8.3	8.0	9.4	4.9	11.0	4.3	4.7	9.2	13.2	6.1	4.7	16.2
500-550万円	8.6	7.5	9.3	4.9	10.8	4.0	4.7	9.2	13.4	6.0	4.3	17.4
550-600万円	8.4	7.1	9.5	4.7	10.0	3.4	4.6	9.6	13.4	6.2	4.3	18.8
600-650万円	8.2	7.0	9.4	4.7	10.3	3.6	4.6	9.5	13.6	6.2	4.2	18.8
650-700万円	7.9	6.6	9.8	4.7	10.0	3.3	4.5	9.3	13.6	6.1	4.2	20.1
700-750万円	8.1	6.8	9.8	4.7	10.1	3.3	4.4	9.6	13.0	6.3	3.9	20.1
750-800万円	8.1	6.4	9.1	4.6	9.6	3.1	4.4	9.4	13.4	6.1	4.3	21.7
800-900万円	7.8	6.3	9.4	4.5	9.4	3.0	4.3	9.4	13.0	6.2	4.1	22.6
900-1,000万円	7.5	6.4	9.7	4.4	9.5	3.2	4.3	9.9	12.6	5.9	3.9	22.7
1,000-1,250万円	7.2	6.2	9.5	4.5	9.2	3.4	4.2	9.1	12.7	5.9	3.8	24.3
1,250-1,500万円	6.9	6.2	8.6	4.8	9.0	3.5	4.0	8.8	12.8	5.9	4.0	25.5
1,500万円以上	6.0	6.9	9.2	4.2	9.0	3.6	3.7	8.3	11.8	5.4	4.1	27.8

凡例：穀類　魚介類　肉類　乳卵類　野菜・果物海草　油脂・菓子類調味料　調理食品　飲料　酒類　外食

（出所）　総務省「家計調査」

高い傾向が窺える。家庭での調理に係る費用は外食等と比べて相対的に低いため，年間収入の低い層でより選択されている状況にある。特に，穀類の消費割合は200万円未満で9.8％と割合が大きく，炭水化物中心の食生活が懸念される。一方で，年間収入の高い層ほど，外食の割合が高い傾向が窺える。

　こうした消費のトレンドは，消費者の食品群・栄養素の摂取状況にどのような影響を及ぼすのだろうか。世帯の年間収入別の1人1日当たり食品群・栄養素摂取量について，年齢や世帯員数の差の影響を除去した推計値を表2-3に示す。男性は，年間収入が200万円未満など低い層ほど野菜摂取量や食塩相当量が低く，炭水化物エネルギー比が高かった。また，たんぱく質や脂肪のエネルギー比も低い状況が窺えた。女性については，年間収入の低い層ほど果実類

表2-3 世帯の年間収入別の1人1日当たり食品群・栄養素摂取量

世帯の年間収入	推定値				600万円以上世帯との有意差		
	200万円未満	200-400万円	400-600万円	600万円以上	200万円未満	200-400万円	400-600万円
男性（20歳以上）							
野菜類(g)	253.9	271.2	301.2	296.6	＊	＊	
果実類(g)	75.8	89.5	89.3	88.0			
炭水化物エネルギー比(%)	60.5	58.4	57.8	57.3	＊	＊	
たんぱく質エネルギー比(%)	14.2	14.3	14.6	14.7	＊	＊	
脂肪エネルギー比(%)	25.3	27.2	27.6	28.0	＊		
食塩相当量(g)	10.5	10.9	11.1	11.2	＊		
女性（20歳以上）							
野菜類(g)	266.6	264.4	283.7	278.5			
果実類(g)	89.3	111.2	114.2	114.2	＊		
炭水化物エネルギー比(%)	57.5	56.2	55.7	55.3	＊	＊	
たんぱく質エネルギー比(%)	15.1	15.2	15.3	15.2			
脂肪エネルギー比(%)	27.4	28.5	29.0	29.4	＊	＊	
食塩相当量(g)	9.2	9.3	9.2	9.3			

注1：年齢と世帯員数の影響を共分散分析で除去した推定値。
注2：＊は600万円以上の世帯員と比較して，群間の有意差のあった項目。
（出所）厚生労働省「平成30年国民健康・栄養調査」

の摂取量や脂肪エネルギー比が低く，炭水化物エネルギー比が高かった。図2
-7で見たように，年間収入の低い層ほど穀類への支出額割合が大きく，炭水
化物中心の食生活となっている傾向が窺える。また年間収入の低い層ほど，男
性は野菜，女性は果物の摂取量が低い状況にあった。一方で，外食が少ないた
めか脂肪エネルギー比や食塩相当量は低い傾向にあった。

　厚生労働省「国民生活基礎調査」によると，所得金額が200万円未満の世帯
数の割合は，1998年に14.2％であったものが，2008年に19.4％，2018年には
19.0％と20年前と比べて約5.0ポイントも増加している。既述のとおり，こう
した層ほど炭水化物中心の食生活となっており，こうした食に関する社会的弱
者と呼ぶべき人々が所得格差の拡大に伴い増加する可能性がある。近年は，ひ
とり親世帯等への支援として子供食堂の取り組みも見られるが，官民一体と
なって栄養バランスのとれた食事を提供する取り組みを強化する必要がある。

5　消費形態とフードビジネス

　本章では，主に食料消費見通しの結果を踏まえながら食料の消費形態の変化を追った。こうした実態の把握により，フードビジネスの顧客がどのような特徴を持つのかを捉え，より的確なマーケティング戦略の策定に生かすことができる。そこでは例えば，次のような点を確認できた。

　第一に，加工食品や外食といった，従来家庭内で行われていた調理や食事を家庭外に依存する，「食の外部化」が進展していた。第二に，世帯類型別にみると，単身世帯や高齢世帯における食料の支出割合が拡大する見込みであった。第三に，食の志向として，経済性志向や健康志向の高まりが確認された。特に，経済性志向は若年層で多く見られ，健康志向は高年齢層で多く見られた。第四に，品目によって1人当たり支出額の2040年までのトレンドが異なっていた。例えば，同じ主食でも米は減少する一方で，パンやめん類は増加が見込まれていた。また，生鮮魚介や生鮮果物は減少する一方，生鮮肉や生鮮野菜は増加する見込みであった。第五に，年間収入階層ごとに比較すると，穀類や魚介類等の家庭で調理する品目への支出割合は年間収入の低い層で多く，一方で外食は年間収入の高い層で多かった。年間収入の低い層ほど炭水化物に依存した食生活を送っており，その解決が求められていた。

　以上の食生活の実態から，「食の外部化」へ対応した農畜水産物の供給拡大や，高齢単身世帯が食べやすい商品の提供，健康志向や経済性志向へ対応した商品の提供など，フードビジネスのヒントとなる事象が確認された。特に，フードビジネスは人々が生きていくうえで必要不可欠な商品である食料を供給しており，その事業展開の過程で，食に関する社会的弱者とされる方々への対応も求められる可能性がある。消費者ニーズに則した事業戦略を取りつつ，こうした社会問題への対応を，ステークホルダーが一丸となって進める必要がある。

注
(1)　日本惣菜協会（2018）では惣菜について，「市販の弁当や惣菜など，家庭外で調理・加工された食品を家庭や職場・学校・屋外などに持ち帰ってすぐに（調理加熱

することなく）食べられる，日持ちのしない調理済食品」と定義している。

(2) 食料消費見通しでは，米や生鮮肉，主食的調理食品といった29品目への支出額が，消費者の「年齢」や「出生年」，その時々の「時代」，品目ごとの「価格」，1人当たり「消費支出」によって説明できると仮定して推計を行った。推計に用いたデータは，総務省「家計調査」と「全国消費実態調査」の世帯類型（性別・年齢階層ごとの単身世帯及び世帯主の年齢階層ごとの2人以上世帯）別の支出である。また，ここでは家計での食料消費を対象としているため，食用農水産物の加工向けや外食向けの原料供給を加味した推計でない点にも留意が必要である。なお，品目ごとの支出額を規定する要因のうち，「年齢」「出生年」「時代」の3つの視点を用いて，指標（ここでは食料の品目ごとの1人当たり支出額）の変化の要因を見出し，今後の需要予測に繋げていこうとする本章で用いた分析を，コーホート分析と言う。これらの詳しい推計方法は薬師寺（2015，2017）を参照されたい。

(3) 将来推計では世帯を単位として行っているため，"世帯主"の年齢階層別食料支出割合である点に留意が必要である。

(4) 厚生労働省「国民生活基礎調査」によると，1990年に3.05であった平均世帯人員は，2015年に2.49まで減少している。また，全世帯数に占める単身世帯数の割合は1990年に21.0%であったものが，2015年に26.8%まで増加している。

(5) 総務省「国勢調査」によると，1990年に12.1%であった高齢化率（65歳以上人口割合）は，2015年には26.6%まで上昇している。

（八木浩平・山本淳子）

推薦図書

高橋正郎編著（2010）『食料経済　フードシステムからみた食料問題』理工学社。
時子山ひろみ・荏開津典生（2013）『フードシステムの経済学』医歯薬出版株式会社。
薬師寺哲郎・中川隆編著（2019）『フードシステム入門——基礎からの食料経済学』建帛社。

練習問題

1．家庭での調理の機会が減り，家庭外で調理された加工食品の利用や外食の機会が増えることを，何と呼ぶでしょうか。

2．年齢や年間収入等に関わらず，みんなが栄養バランスの取れた食事を摂るためには，どういった対策が有効だろうか。事例を1つ挙げて，採られている対策の実態と課題を調べよう。

<table>
<tr><td>第3章</td><td>食行動の特徴</td></tr>
</table>

《イントロダクション》

　本章では，私たちの食生活を「食行動」という考え方を用いていくつかの過程に分解し，それぞれの特徴を学ぶ。食行動は，消費者が食料品店舗や商品を選択し，加工・調理を行い，食材を保存・廃棄するという一連の行動である。本章を通して，食行動の特徴を理解するとともに，消費者の行動を観察し考察する中からフードビジネスの展開方向を考える力を養ってほしい。

キーワード：食行動，店舗選択，商品選択，加工・調理行動，廃棄行動，
　　　　　　意思決定

1　食行動とは

　「食行動」とは，食生活を維持していくための一連の行動を指す。食行動は，必要な食料品を購入し，加工，調理して食べる，さらに必要に応じて保存や廃棄をするという過程である（図3-1）。

　自分で食事を作って食べるときのことを考えてみよう。まず，食材をどの店で購入するかを検討する（a1.店舗選択）。店を決めたら実際にその店に行き，食材を選び，購入する（a2.商品選択）。次に，持ち帰った食材に洗う，切るといった加工を施し，必要に応じて焼く，煮るなどの調理を行う（b1.加工・調理）。そして出来上がったものを食べ（c1.摂食），摂取した食事は栄養として体に吸収・蓄積されていく（c2.吸収・蓄積）。また，余った食材は保存しておくが（b2.保存），思いがけずに日が経って廃棄してしまうこともあるだろう（b3.廃棄）。

　このような食行動の積み重ねで私たちの食生活は成り立っている。本章では，店舗選択から廃棄までの各食行動の特徴を説明する。なお，本章はフードビジ

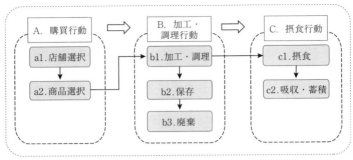

図3-1　食行動過程

（出所）　大浦, 2012：p. 47より引用（一部省略）

ネスの観点から食行動を考えることを目的としているため，主に栄養学などの範疇である摂食及び吸収・蓄積の過程は対象としない。

2　店舗選択

　現代では，ほとんどの消費者が店舗で食料品を購入している。農家や家庭菜園をしている人でも，すべてを自分で賄っている人は非常に少ないと考えられる。また，世帯の中で特定の人が食料品の買い物を中心的に担っている場合も，昼食や菓子，飲料などを個々の世帯員がそれぞれ購入するケースは多いだろう。

　そして，食料品を販売している店舗（小売業態）には様々な種類がある（表3－2）。店舗販売（店舗を構え，実物商品または見本商品を展示する販売形態）を行う業態には，百貨店，食料品スーパーマーケット（以下，食料品スーパー），総合スーパーマーケット（以下，総合スーパー），コンビニエンスストア，ドラッグストア，産地直売所，食料品専門店（八百屋や精肉店など）などがある（表3－3）。また，無店舗販売（店舗を構えずに商品を販売する販売形態）を行う業態には，訪問販売や通信・カタログ販売，移動販売などがあり，近年成長しているインターネット販売も無店舗販売にあてはまる。

　このように多様な店舗が展開する中で，消費者は食料品の購入にあたって，どこで購入するのかを決めなければならない。では，消費者は食料品の購入にどのような店舗を利用することが多いのだろうか。図3-4は食料品の購入先別の利用頻度を示したものである。食料品スーパーマーケットの利用頻度は，

表 3-2　小売業態の分類

小売業態	店舗販売：店舗を構え，そこに実物商品または見本商品を展示する販売形態
	例　食料品スーパーマーケット，総合スーパーマーケット，百貨店，食料品専門店，消費生活協同組合（生協），コンビニエンスストア，ドラッグストア，ディスカウントストア，ショッピングセンター，産地直売所など
	無店舗販売：店舗を構えずに商品を販売する販売形態
	例　インターネット販売，訪問販売，通信・カタログ販売，テレフォン・ショッピング，自動販売機による販売，移動販売，宅配生協など

（出所）　筆者作成

「1週間に1～2回」が52.5％と最も多く，「2日に1回」と「ほとんど毎日」を合わせると96.5％にのぼる。一方，コンビニエンスストアの利用頻度も，「1週間に1～2回」「2日に1回」「ほとんど毎日」を合わせると43.1％で，地元の一般小売店は24.8％，農産物直売所は23.5％となっており，食料品スーパーマーケットほど高くはないものの一定の利用がみられる。このことから消費者は様々な店舗を使い分けていると考えられる。

　では，消費者はどのように店舗を使い分けているのだろうか。まず，食料品の商品としての性格から考える。消費者が購入する商品は，最寄品，買回品，専門品の3つに分類される。最寄品は，日常的に高頻度で購入される比較的低価格の商品を指す。買回品は，購買頻度が低く，いくつかの店舗をまわって商品の比較を経て購入に至る比較的高価な商品，専門品は，買回品よりもさらに購買頻度が低く，販売している店舗も限られる高価な商品を指す。食料品は最寄品に位置づけられることが多いが，一部の食料品，例えば高級な菓子，ワイン，茶葉などは買回品や専門品の性格を持つ場合がある。どの食料品をどれに分類するかは，消費者1人ひとりの考え方，価値観にも影響され，商品としての性格によってその食料品を購入するために選択する店舗も異なってくる。

　ただし，どの店舗を選択するかは，このような商品の性格だけで決まるわけではない。表3-5は，店舗選択に影響を与える3つの要因を示している（Pan and Zinkhan 2006, 三坂 2011）。1つめは，品質，価格，品揃えなどの商品レベルの要因である。食料品，特に生鮮の場合は鮮度も重要であり，これは品質に含まれる。2つめは，立地や営業時間，店舗規模，サービスの品質などの業

表 3-3　食料品を扱う主な小売店（店舗販売）の分類

	百貨店	総合スーパー	食料品スーパー	コンビニエンスストア	ドラッグストア	その他のスーパー	食料品専門店
セルフ方式	×	○	○	○	○	○	×
取扱商品等	衣、食、他（＝住）にわたる各商品を小売し、そのいずれもが小売販売額の10％以上70％未満の範囲内にある事業所		食が70％以上	飲食料品を扱っていること	医薬品・化粧品を小売販売額全体の25％以上取扱い、かつ、一般医薬品を扱っている事業所	総合スーパー、専門スーパー、コンビニエンスストア、ドラッグストア以外のセルフ店	野菜・果実、食肉、鮮魚、飲食料品、酒などの飲食料品のいずれかが90％以上
売場面積	大型百貨店は3000㎡以上（都の特別区及び政令指定都市は6000㎡以上）その他の百貨店は3000㎡未満（都の特別区及び政令指定都市は6000㎡未満）	大型総合スーパーは3000㎡以上（都の特別区及び政令指定都市は6000㎡以上）中型総合スーパーは3000㎡未満（都の特別区及び政令指定都市は6000㎡未満）	250㎡以上	30㎡以上250㎡未満	—	—	—

注1：「セルフ方式」とは、売場面積の50％以上について、セルフサービス方式を採用している事業所をいう。
注2：「直売所」は農林業センサス（2015）によると、「生産者が自ら生産した農産物（農産物加工品を含む）を生産者又は生産者のグループが、定期的に地域内外の消費者と直接対面で販売するために開設した場所または施設をいう。なお、市区町村、農業協同組合等が開設した道の駅に伴設された施設を利用するもの、並びに果実等の季節性が高い農産物を販売するためにその時季に限って開設されるものは含むが、無人施設や自動車等による移動販売は除く」とされている。直売所は売り場面積や取扱商品、セルフ方式かどうかなどが様々であることから、「商業統計表」では独自の区分にはなっていない。本表の「その他のスーパー」や「食料品スーパー」に区分される直売所もある。
（出所）平成26年度商業統計表の業態分類表の一部を抜粋。

図3-4　食料品の購入先別の利用頻度

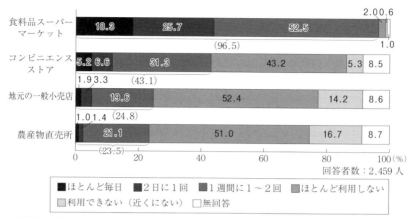

（出所）　平成30年度　農林水産情報交流ネットワーク事業　全国調査買い物と食事に関する意識・意
向調査より引用。

表3-5　店舗選択に影響する要因

影響要因の分類	影響要因
商品レベル	商品の品質，価格，品揃え
業態・店舗レベル	立地，営業時間，駐車場，店舗・売場規模，サービス品質，フレンドリネス（親切さ），店舗イメージ，店舗環境，レジ待ち時間
個人レベル	デモグラフィクス（性別，年齢，収入等），各小売業態に対する態度（選好・好み），買物目的（まとめ買い，当用買い等）

（出所）　Pan and Zinkhan（2006）をもとに三坂（2011）が作成したものを一部抜
粋

態・店舗レベルの要因である。このうち，立地や営業時間は消費者にとっての
利便性に関係している。３つめは個人レベルの要因で，デモグラフィクス（性
別，年齢，収入等の消費者属性），各小売業態に対する態度，買物目的などが影響
している。店舗選択には，これらのうち１つの要因が影響しているのではなく，
複数の要因が複合的に考慮されていると考えられている。

　以上のように，消費者は，購入する予定の商品が自身にとって最寄品・買回
品・専門品かを踏まえつつ，商品レベル，業態・店舗レベル，個人レベルから
なる多数の要因が複雑に影響し合う中で，多数ある食料品店舗から購入先を決

定している。

3 商品選択

　食料品を販売している店舗には，多種多様な食料品が取り揃えられている。1つの品目に対するアイテム数（商品の種類）も豊富である。例えば，果物の中の柑橘類1つをとってみても，ある食料品スーパーでは旬の時期に，産地や品種，大きさ，栽培方法（減農薬など）の異なる23種類の商品が販売されている（小峰 2020）。消費者はこのように特性の異なった商品の中から，購入する商品を選択することになる。

　このような各商品が持つ特性や機能を商品属性（以下，属性）という。食料品の属性には，価格，色，形，大きさ，重さ，容量，種類（品種），味，香り，食感，栄養，機能，安全性，栽培・飼養方法，産地，製造業者など，様々なものがある（茂野 2016，細野 2006，小峰 2020）。これらの属性は，購入前に分かるもの（価格，色，形，重さ等）と購入後に分かるもの（味，香り，食感等）がある。また，購入の有無にかかわらず表示からしか情報を得られない属性（産地，栽培・飼養方法等）もある。

　このような商品の属性は，商品の性格を特徴づける。第1章でも説明したように，商品は探索財・経験財・信用財の3つに分類される。探索財は，購入する前に情報を探索することで品質が分かる商品で，例えば自動車や冷蔵庫がこれに相当する。経験財は購入することによってはじめてその品質が分かる商品である。例えば化粧品を購入しても，実際に化粧品を使ってみないと化粧品の品質は分からない。信用財はたとえ購入しても真の品質が分からない商品をいう。例えば，薬を飲んで病気が治ったとしても，それが薬の効果なのか自然治癒なのか本当のところは分からない。

　それでは，食料品は探索財，経験財，信用財のどれにあたるのだろうか。一般的に食料品は，購入し実際に食べることではじめて，味という食料品にとって重要な属性がどうであるかが評価できることから経験財に分類される。しかし，産地や栽培方法，加工時の衛生基準の遵守状況などは，購入したとしてもそれが本当であるかは分からない。このため，食料品は経験財と信用財の両方

の性格を合わせ持つといえる。

　このように食料品の持つ属性は多様で，そこには購入してみないと品質が分からない属性や購入しても真の品質が分からない属性が含まれている。店舗で多種多様な食料品が販売されていることは，消費者の選択肢を増やすことになるが，同時に消費者は，多様な属性を持つ選択肢の中から自分の求める商品を選択しなければならない。

　食料品の購入に際して，選択肢が多すぎると消費者は商品選択を負担に感じる場合もある。⁽¹⁾また，そのような負担を減らすために，消費者は商品のすべての属性を比較するのではなく，いくつかに絞って確認し，短時間で購入する商品を決めているといわれており，⁽²⁾食料品の商品選択においては，簡略化した意思決定が行われていると考えられる。

［ 4 ］ 加工・調理行動

　加工・調理行動はメニュー考案，1次加工，調理，配膳・片付け，保存，廃棄の工程に細分化できる。**表 3 - 6** は，野菜を使った料理を想定した場合に，事業者（外食店や食品加工業者）と消費者のどちらが各工程を担当するかを食事や商品の形態別に整理したものである。

　消費者がすべての工程を自身で行う形態として内食（料理の素材として食料品を購入し，メニューを考えて調理や配膳・片付けをし，残った素材の保存，廃棄を行う）がある一方で，外食は事業者がすべてを担当しており，消費者は事業者が決めたメニューから食べるものを決めるだけである。

　さらに近年では，カット野菜や冷凍野菜など，食の外部化の観点からみて様々な形態の商品が販売されている。生食用カット野菜（サラダ）は，消費者が購入したものをそのまま食べる場合，すべての工程を事業者が担当することになる（ただし，他の食材を加えたり皿に盛りつけたりするなど，消費者が調理や配膳・片付けを行う場合もある）。一方，同じカット野菜でも野菜炒め用など加熱調理用の場合は，調理と配膳・片付けを消費者が行う。このように商品の形態によって，消費者と事業者のどちらがどの工程を担当するかが異なっている。

　消費者が多くの工程を担当する場合，そのための時間的な負担が増加する。

表3-6　食形態別に見た各行動の特徴

野菜料理について	購買行動		加工・調理行動						摂食行動	
	店舗選択	商品選択	メニュー考案	一次加工	調理	配膳・片付け	保存（素材）	廃棄（素材）	摂食	吸収・蓄積
外食（料理）	○	○	●	●	●	●	●	●	○	○
中食（総菜）	○	○	●	●	●	●○	●	●	○	○
内食(生食用カット野菜)	○	○	●	●	●○	●○	●	●	○	○
内食(加熱調理用カット野菜)	○	○	●	●	○	○	●	●	○	○
内食（冷凍野菜）	○	○	●	●	●	○	●	●	○	○
内食(野菜詰め合わせセット)	○	●	○	○	○	○	○	○	○	○
内食（素材）	○	○	○	○	○	○	○	○	○	○

注：●が事業者，○が消費者が担当する行動
（出典）大浦ら（2013）を一部改変。

　また，衛生管理も消費者自身が行わなければならない。一方，多くの工程を事業者が担っている場合，消費者にとっては利便性が高い反面，衛生管理のやり方などを直接見ることができないため，それが購入をためらわせる不安要素にもなり得る。

　また，カット野菜のような加工・調理行動の一部を外部化した商品に対して，手抜き感を感じる消費者がいることが指摘されてきた（時子山 2012）。消費者のカット野菜の利用意向を見ると（株式会社サラダクラブ 2019），カット野菜を「利用したい」と答えたのは半数にとどまっており，その要因として，手抜き感や製造工程に対する不安感などに基づく抵抗感があると考えられる。

5　保存・廃棄行動

　本来食べられるにもかかわらず捨てられてしまう食品は「食品ロス」と呼ばれ，その量は年間612万tにのぼる（「食品廃棄物等の利用状況等　平成29年度推計値」，農林水産省）。そのうち，事業活動に伴うものが328万t，各家庭から発生するものが284万tを占めている。食品ロスは環境問題の観点からも削減が求められている。

　では，消費者は食品を保存するか廃棄するかの判断をどのように行っているのだろうか。保存・廃棄行動において考慮される食料品の属性には，表示期限

（賞味期限や消費期限），保存期間，使用状態，今後の使用見込み，見た目，残量，使用経験，開封時期，好み，臭い，触感などがある（野々村 2016）。これらのうち加工食品では表示期限，生鮮野菜では見た目といった一つの属性だけを参照して，保存を続けるか廃棄するかを決定するケースが最も多い。また，保存しておきたいと思う情報（保存性，使用見込み・好み，残量など）が複数あれば保存し，廃棄につながる情報（表示期限，使用見込み・好み，保存期間など）が複数あれば廃棄するケース，保存につながる情報と廃棄につながる情報を天秤にかけて決めるケースなどがある。

　ただし，いずれのケースも対象となる食品の品質や状態を十分に検討するのではなく，ごく限られた属性を確認するだけで保存か廃棄かを決めており，保存・廃棄行動においても簡略化された意思決定が行われているのが特徴である。

〔6〕 食行動とフードビジネス

　本章では，消費者の食行動を食料品の購入から加工・調理，保存・廃棄までの過程として捉え，それぞれの特徴を見てきた。このように食行動を細分化して詳細に分析することは，今後のフードビジネスの方向を考えるための視点を見つけることにつながる。

　本章で明らかになったことの1つに，一連の食行動に対する消費者の簡略化・簡便化志向がある。商品選択場面や保存か廃棄かの選択場面において，消費者は簡略化された意思決定を行っていた。また，事業者が加工・調理行動の一部あるいは全部を担う様々な簡便化商品が展開しているが，これは，食生活だけでなく他の生活行為に時間を割き，食行動を簡単に済ませたいといった消費者の欲求を食品関連産業側が汲んだ結果と考えられる。

　このような消費者の簡略化・簡便化志向に対して，フードビジネスは今後どのような展開が考えられるだろうか。

　例えば店舗選択に関しては，購入したい商品をスマートフォンなどで入力すれば，それらを効率よく購入できる店舗が提示されるといったサービスが考えられる。商品選択については，食料品スーパーの店頭でこれまでの購買履歴を踏まえた提案があれば，消費者は多くの選択肢の中から迷うことなく必要な商

品を購入できるのではないだろうか。また，加工・調理行動のうち日々のメニュー考案が特に負担だと感じている消費者は少なくない。(3) そこで，家庭内の在庫や家族の好みを考慮した献立提案サービスがあれば，加工・調理行動の負担軽減になるだけでなく，食品ロスの削減にもつながるだろう。

　消費者の抱く食の問題を解決することをミール・ソリューションという。今後は，ミール・ソリューションの視点に立ったフードビジネスの展開が求められている。食行動に関する問題は多様で，消費者の置かれた社会環境によっても異なる。本章を踏まえて，自身の食行動を振り返るとともに，次なるフードビジネスの展開を考えてみよう。

注
(1)　このように商品の選択肢が多いことにより混乱が生じることを情報過負荷という。詳細は永井（2015），小峰（2020）を参照。
(2)　詳しくは新山（2007）を参照。
(3)　子育て中の女性を対象としたアンケート調査では，子育てをするようになってストレスが増えた家事として56.3％が「献立を考える」ことを挙げており（博報堂広報室「子育てママの家事の時短」（2017）），負担の大きい家事であることがわかる。

（玉木志穂・大浦裕二）

推薦図書
新山陽子編（2020）『フードシステムの未来へ③——消費者の判断と選択行動』昭和堂。
時子山ひろみ（2012）『安全で良質な食生活を手に入れる——フードシステム入門』放送大学叢書。
今田純雄・和田有史編（2017）『食行動の科学——「食べる」を読み解く』朝倉書店。

練習問題
1．食行動における加工・調理行動を参考に，食事として中食を選択することのメリット・デメリットを考えよう。
2．直近3日間の朝食・昼食・夕食別に内食の割合を算出し，内食を選択した理由やしなかった理由を食行動の観点から説明してみよう。

第4章	食生活と食育・食農教育

《イントロダクション》

　日本の食生活は，「飽食の時代」といわれて久しいが，高度経済成長以降，国民の所得水準の向上とともに大きく変化してきた。しかしながら，便利で豊かな食生活を実現した一方で，食生活を取り巻く多くの課題を抱えている。その課題解決の重要な手段として，食育・食農教育が注目されている。本章では，食育・食農教育の社会的意義及び役割について整理するとともに，食育・食農教育をめぐるフードビジネスの今後の可能性についても考えていく。

　キーワード：食育・食農教育，食育基本法，食生活指針，食事バランス
　　　　　　　ガイド，健康日本21，和食，日本型食生活，食料自給率，
　　　　　　　地産地消，食品ロス，学校給食，SDGs

1　食生活の変化

　日本人の伝統的な食文化とされる「和食」は，2013年にユネスコ無形文化遺産に登録された。その特徴として，①多様で新鮮な食材とその持ち味の尊重，②健康的な食生活を支える栄養バランス，③自然の美しさや季節の移ろいの表現，④正月などの年中行事との密接な関わり，が挙げられており，日本が東西及び南北に長い地理的特徴を有しているように，それぞれの地域に根ざした食文化を形成してきたといえる。

　一方で，日本の食生活は1950年代後半から始まる高度経済成長以降，国民の所得向上と社会情勢の変化によって，先進国でもまれにみる短期間のうちに大きな変化を遂げてきた。わが国の食生活変化を統計資料のデータから，確認してみることとする。食生活変化を捉えるうえで，押さえておきたい主な統計資料として，国民への食料供給量から食生活変化の概観を捉えるには農林水産省『食料需給表』，国民の家計消費支出から食料消費の変化を捉えるには総務省統

図4−1　国民1人1日当たり供給熱量の推移

単位：Kcal

（出所）　農林水産省『食料需給表』

計局『家計調査年報』，国民の食料摂取量から食料消費実態や栄養摂取状況を捉えるには厚生労働省『国民健康・栄養調査』等が有用である。統計資料それぞれの特性を把握したうえで，必要な内容に応じて適切なデータを選択する必要がある。

　図4−1は国民1人1日当たりの供給熱量の推移である。1960年の2290.6kcalから所得向上と共に長期的に増加傾向にあったが，1990年代後半をピークに減少傾向に転じ，現在は約2400kcalで推移している。つまり，食生活の量的変化は既に頭打ちとなっており，国民の食料需要は停滞しているといえる。

　次に，食生活の質的（食生活内容）変化をみてみる。図4−2は国民1人1年当たりの供給純食料の推移を主要品目別に示したものである。1960年以降，穀類の大幅な減少に伴い，豆類，みそ，しょうゆといった日本の伝統的食料品目も減少傾向となっている。それに対し，肉類，牛乳・乳製品，油脂類等の畜産物由来の食品は大幅な増加傾向を示しており，食生活の「洋風化」が顕著である。また，注視すべき点として，栄養バランスを整えるうえでも重要な野菜，果実，魚介類等は1960年以降増加傾向にあったものの，現在は減少傾向にある。次に，食生活の質的（消費形態）変化をみるべく，内食，中食，外食の動向について確認する。内食とは，家庭内で調理した物を食べることであり，外食は調理から配膳，後片付けまでの全ての行程を外部に依存することである。中食は，内食と外食の中間にあり，市販の弁当や惣菜等の家庭外で調理・加工され

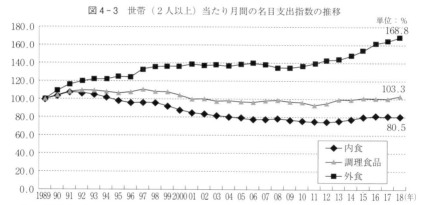

図 4-2　国民 1 人・1 年当たり供給純食料の推移

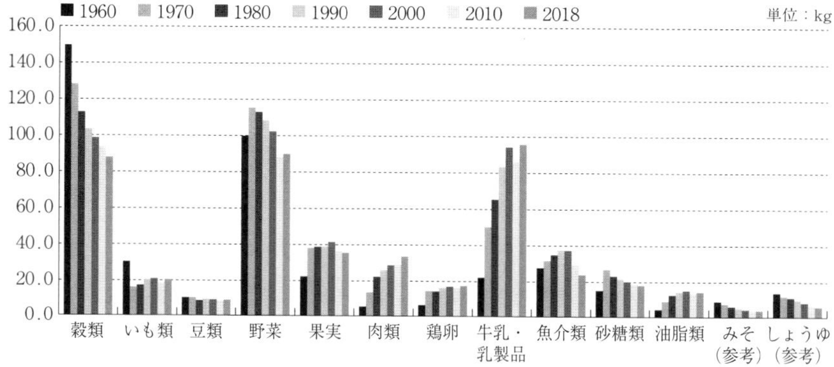

（出所）　農林水産省『食料需給表』

図 4-3　世帯（2 人以上）当たり月間の名目支出指数の推移

注 1：「内食」は穀類，魚介類，肉類，乳卵類，野菜・海藻，果物の合計
注 2：数値は1989年（平成元年）を100とする指数
（出所）　総務省統計局『家計調査年報』

た食品を家庭や職場・学校等でそのまま食べる（主として調理の場所と食べる場
所が異なる）ことである。図 4-3 は「家計調査」の食料消費支出から内食，調
理食品（中食の代替とする），外食への消費支出指数の推移をみたものである。
外食は2000年以降横ばいで推移しているものの，調理食品は観察期間において
継続して増加傾向となっており，核家族化や女性の社会進出を背景に，食品産
業が発達し，利便性の高い食生活の「外部化」が進行している。その一方で，
内食は減少傾向にあり，家庭内で調理する機会が減少してきていることが窺え

る。こうした食生活変化の中で，日本の伝統的な食文化をいかに継承していくかがわが国における１つの大きな課題となっている。

　また，食生活変化における日本人の栄養バランスは，三大栄養素であるPFC（P：たんぱく質，F：脂質，C：炭水化物）バランスをみると良い。1960年頃は高すぎる炭水化物と低すぎる脂質が特徴であったが，1970年代半ばにはPFCバランスが栄養学的に良好で，かつ米を中心に野菜，果実，豆類，魚介類，畜産物等の多様な品目を摂取する「日本型食生活」を形成した。しかし，近年では畜産物由来の食品のさらなる消費量増加とともに，脂質摂取の過多と炭水化物不足の傾向にあり，若い世代を中心に「日本型食生活」の崩壊が懸念されている。

２　私たちの食をめぐる諸問題

　前述のように，我々は食生活の「洋風化」「外部化」という変化とともに，便利で豊かな飽食の時代を築いてきた。しかしその一方で，今日，食をめぐる多くの課題が顕在化している。例えば，食の洋風化のさらなる進行とともに，前述の日本型食生活の崩壊の懸念や生活習慣病の低年齢化が問題視されている。また，現在の利便性の高い食生活は，家庭の食教育力の低下，個食・孤食・欠食等の食習慣の乱れ，調理技術や食文化の継承困難，食品ロスの増加を招くこととなった。さらに，安価な輸入農産物が増加することにより，日本農業は農産物価格の低迷や後継者不足，高齢化，集落機能の低下等によって縮小傾向となり，国土保全機能や生物多様性保全機能等の多面的機能の喪失や食料自給率の低下，食料安全保障への懸念等の課題を抱えることとなった。

　わが国における食と農に関わる諸問題の根源は，食と農（消費と生産）の距離の乖離，すなわち，あらゆる「つながり」の薄れによって生じている。かつて『食料・農業・農村白書』でも指摘されたように，生産者と消費者の距離が乖離することによって，各主体に求められている社会的な役割を十分に果たし得なくなったことが影響している。高度経済成長は，農業分野においても工業化をもたらし，農業労働時間の短縮と農業従事者の縮小を可能とした。しかし，人口は農村から都市へと流出し，家族構成は，それまで農村では三世代を主と

図 4 - 4　SDGs（持続可能な開発目標）17の目標

（出所）　外務省より転載

する大家族から，都市，農村に関わらず核家族世帯へと変化していった。異世代が同居する大家族の家庭では，家庭の味や調理技術は家庭の中で自然と受け継がれてきたし，祭や神事，催事には集落の住民が集い，収穫したものを活用して共に調理をすることで伝統的な食文化や郷土食，行事食が地域の中で自然と受け継がれてきた。特に，農村では，結（ゆい）や相互扶助によって営まれる農業とそれに付随する集落の共同作業によって，農業・農村の多面的機能が有効に発揮され，地域の環境が守られてきたのである。つまり，これまで日本が培ってきた食文化や守られてきた農村の環境等は，農業・農村が適切に維持されることによって，成立し得たといえる。従って，食生活をめぐる諸問題の課題解決には，消費者である国民の農業・農村に関する理解確保が喫緊の課題であるといえ，食育や食農教育が果たす役割は大きい。

　さらに，昨今では，こうした問題が一国としてのみならず，2015年に国連で採択された SDGs（持続可能な開発目標）の17の目標（図 4 - 4）にもあるように，世界的な観点からも，貧困，飢餓，健康，資源，気候変動等といった食や農，環境に関わる諸問題の解決及び持続的発展が求められている。

（3）　食料自給率と食育・食農教育

　ここでは食育・食農教育が日本の社会的課題の解決に寄与するのかについて，「食料自給率の低さ」との関係を取り上げて考えてみよう。まず，食料自給率

はわが国の食料全体の供給に対する国内生産の割合を示す指標である。基本的な計算式は下記のとおりである。

$$食料自給率＝国内生産量／国内消費仕向量 \times 100$$

計算式の分母の国内消費仕向量は，消費者に供給された食料（国内生産量＋輸入−輸出±在庫の増減量），つまり国民の食料消費量を示す。

　総合食料自給率として「生産額ベース」「供給熱量ベース」での自給率，さらに，主食用穀物と飼料穀物の自給率を示した「穀物自給率」，穀物自給率から飼料用穀物を除いた「主食用穀物自給率」等で捉えられる。図4-5は日本の食料自給率の推移を示したものである。すべての自給率で減少傾向を示しているが，2019年度（概算）で，供給熱量ベースの総合食料自給率38％，穀物自給率28％と先進諸国の中でも低い水準となっている。

　食料自給率の計算式から考えた場合，食料自給率を上げるためには理論上2つの方法がある。①分子の国内生産量を一定と仮定し，分母の消費仕向量を減少させるか，②分母の国内消費仕向量を一定と仮定し，分子の国内生産量を増加させるかという方法である。①の場合，分母の国民の食料消費量を別の角度からみると，我々の食料消費は「実際に食べた食料＋食べずに捨てた食料」から成ると考えられる。つまり，分母を小さくする方法として，現在年間612万トン（WFPの世界の年間食料援助量の約1.5倍相当）排出されているわが国の「食品ロスの削減」が重要となる。ただし，わが国の農業の現状を考えれば，農業就業人口や耕地面積は減少傾向，耕作放棄地は増加傾向にあり，国内生産は逼迫している。従って，国民の無駄な食料消費を減らすことだけでは，国内農業の再生産は不可能で，持続的な生産には繋がらない。そこで重要となるのが②の国内生産量を増加させる方法である。ただし，国内生産量を増加させるためには，分母である国民の消費行動が重要な意味を持つ。我々国民が消費する食料（食料自給率計算式の分母）は「国産＋輸入」で構成されている。従って，消費者が国産や地域の農産物・食品を積極的に購入する，すなわち「国産国消」「地産地消」の消費者の購買行動によって，分子の国内生産を誘発し，再生産

図4-5　食料自給率の推移

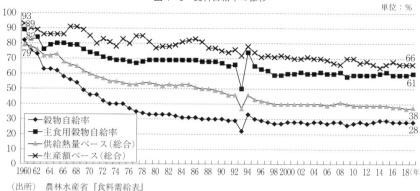

（出所）　農林水産省『食料需給表』

可能かつ維持可能な国内農業生産につなげることである。地域及び日本の農業
生産の維持は，わが国の農業・農村の多面的機能が発揮されることを意味して
おり，前述の食や農，環境の課題解決に寄与することにつながる。

　以上のように，食料自給率向上のための我々国民の重要なアクションは，
「地産地消」「国産国消」や「食品ロスの削減」が挙げられるが，そのためには，
ライフステージごとにしかるべき食育・食農教育が有効な一手段となる。

4 食生活と食育関係の施策

　国民の食生活の改善に対する国の施策としては，これまで様々に講じられて
きた。2000年から厚生労働省によりスタートした「健康日本21（国民の健康の
増進の総合的な推進を図るための基本的な方針）」は，主に，栄養・食生活，身体
活動・運動，休養，飲酒，喫煙及び歯・口腔の健康等についての基本方針や対
策が示されており，国民の生活習慣病等の改善と健康増進が図られている
（2013年度から第2次となっている）。

　2000年に農林水産省，厚生労働省（当時は厚生省），文部科学省（当時は文部
省）の連携で策定された「食生活指針」（2016年改定）は，**表4-1**のようによ
りよい食生活のために国民が実践すべき10項目とそれに関連する詳細な31項目
が示されている。その特徴は，食生活そのもののみならず，生活リズム，栄養
バランス，健康，体型，運動，食文化，地産地消，調理，環境等の幅広い視点

表 4 - 1　食生活指針（平成28年 6 月一部改訂）

1．食事を楽しみましょう。	(1)	毎日の食事で，健康寿命をのばしましょう。
	(2)	おいしい食事を，味わいながらゆっくりよく噛んで食べましょう。
	(3)	家族の団らんや人との交流を大切に，また，食事づくりに参加しましょう。
2．1 日の食事のリズムから，健やかな生活リズムを。	(4)	朝食で，いきいきした 1 日を始めてましょう。
	(5)	夜食や間食はとりすぎないようにしましょう。
	(6)	飲酒はほどほどにしましょう。
3．適度な運動とバランスのよい食事で，適正体重の維持を。	(7)	普段から体重を量り，食事量に気をつけましょう。
	(8)	普段から意識して身体を動かすようにしましょう。
	(9)	無理な減量はやめましょう。
	(10)	特に若年女性のやせ，高齢者の低栄養にも気をつけましょう。
4．主食，主菜，副菜を基本に，食事のバランスを。	(11)	多様な食品を組み合わせましょう。
	(12)	調理方法が偏らないようにしましょう。
	(13)	手作りと外食や加工食品・調理食品を上手に組み合わせましょう。
5．ごはんなどの穀類をしっかりと。	(14)	穀類を毎食とって，糖質からのエネルギー摂取を適正に保ちましょう。
	(15)	日本の気候・風土に適している米などの穀類を利用しましょう。
6．野菜・果物，牛乳・乳製品，豆類，魚なども組み合わせて。	(16)	たっぷり野菜と毎日の果物で，ビタミン，ミネラル，食物繊維をとりましょう。
	(17)	牛乳・乳製品，緑黄色野菜，豆類，小魚などで，カルシウムを十分にとりましょう。
7．食塩は控えめに，脂肪は質と量を考えて。	(18)	食塩の多い食品や料理を控えめにしましょう。食塩摂取量の目標値は，男性で 1 日 8 g未満，女性で 7 g未満とされています。
	(19)	動物，植物，魚由来の脂肪をバランスをとりましょう。
	(20)	栄養成分表示を見て，食品や外食を選ぶ習慣を身につけましょう。
8．日本の食文化や地域の産物を活かし，郷土の味の継承を。	(21)	「和食」をはじめとした日本の食文化を大切にして，日々の食生活に活かしましょう。
	(22)	地域の産物や旬の素材を使うとともに，行事食を取り入れながら，自然の恵みや四季の変化を楽しみましょう。
	(23)	食材に関する知識や調理技術を身につけましょう。
	(24)	地域や家庭で受け継がれてきた料理や作法を伝えていきましょう。
9．食料資源を大切に，無駄や廃棄の少ない食生活を。	(25)	まだ食べられるのに廃棄されている食品ロスを減らしましょう。
	(26)	調理や保存を上手にして，食べ残しのない適量を心がけましょう。
	(27)	賞味期限や消費期限を考えて利用しましょう。
10.「食」に関する理解を深め，食生活を見直してみましょう。	(28)	子供のころから，食生活を大切にしましょう。
	(29)	家庭や学校，地域で，食品の安全性を含めた「食」に関する知識や理解を深め，望ましい習慣を身につけましょう。
	(30)	家族や仲間と，食生活を考えたり，話し合ったりしてみましょう。
	(31)	自分たちの健康目標をつくり，よりよい食生活を目指しましょう。

（出所）　農林水産省

図4-6　食事バランスガイド

（資料）　農林水産省より転載

からの指針となっている。食生活指針は，その後，2005年に厚生労働省と農林水産省によって作成された「食事バランスガイド」の基礎となっている。食事バランスガイドは，理想的な食生活の実現のために，主食，主菜，副菜，果実，牛乳・乳製品の5つの区分の食品について，何をどれだけ食べれば良いかを図4-6にあるように，日本の伝統的玩具であるコマの形を模して表現している（加えて，水分，嗜好食品，運動の必要性も表現されている）。

　また，同年の2005年には，前述のような食や農をめぐる課題の顕在化に鑑み，「健康で文化的な国民の生活」「豊かで活力ある社会の実現」を目的とした「食育基本法」が制定された。現在，食育基本法に関わる食育推進基本計画は，第3次計画（2016〜2020年度）の最終年度を迎えている。第3次計画では，表4-2の表側にあるような5つの重点課題が掲げられており，それに対する具体的な21の数値目標が設定されている。また，第2次計画の作成までは内閣府が取りまとめの中心的役割を果たしていたが，第3次計画からは農林水産省に移管され，重点課題にも食の生産から消費までの食の循環や食品ロス削減を意識することを重視した「重点課題4：食の循環や環境を意識した食育の推進」が掲げられた。しかし，表4-2からも分かるように，現状ではこの重点課題4に対応する数値目標は，関連する4項目すべてについて未達成となっている。特に，第1次計画から継続して掲げられてきた「学校給食における地場産物を使

表4-2　第3次食育推進基本計画における数値目標の達成状況（暫定値）

重点課題との対応	具体的な目標値				達成状況
	項　目	第3次計画 策定時 （2015年度）	現状値 （2019年度）	目標値 （2020年度）	
総合的な目標	①食育に関心を持っている国民の割合	75.0%	76.2%	90%以上	△
	⑭食育の推進に関わるボランティア団体等において活動している国民の数	34.4万人 （2014年度）	36.5万人 （2018年度）	37万人以上	△
	㉑推進計画を作成・実施している市町村の割合	76.7%	87.5%	100%	△
重点課題1 若い世代を中心とした食育の推進	④朝食を欠食する子供の割合	4.4%	4.6%	0%	▼
	⑤朝食を欠食する若い世代の割合	24.7%	25.8%	15%以下	▼
	⑩主食・主菜・副菜を組み合わせた食事を1日2回以上ほぼ毎日食べている若い世代の割合	43.2%	37.3%	55%以上	▼
	⑱地域や家庭で受け継がれてきた伝統的な料理や作法等を継承している若い世代の割合	49.3%	61.6%	60%以上	◎
	⑳食品の安全性について基礎的な知識を持ち，自ら判断する若い世代の割合	56.8%	70.3%	65%以上	◎
重点課題2 多様な暮らしに対応した食育の推進	②朝食または夕食を家族と一緒に食べる「共食」の回数	週9.7回	週10.0回	週11回以上	△
	③地域等で共食したいと思う人が共食する割合	64.6%	73.4%	70%以上	◎
	⑥中学校における学校給食実施率	87.5% （2014年度）	93.2% （2018年度）	90%以上	◎
重点課題3 健康寿命の延伸につながる食育の推進	⑨主食・主菜・副菜を組み合わせた食事を1日2回以上ほぼ毎日食べている国民の割合	57.7%	56.1%	70%以上	▼
	⑩主食・主菜・副菜を組み合わせた食事を1日2回以上ほぼ毎日食べている若い世代の割合	43.2%	37.3%	55%以上	▼
	⑪生活習慣病の予防や改善のために，ふだんから適正体重の維持や減塩等に気をつけた食生活を実践する国民の割合	69.4%	67.4%	75%以上	▼
	⑫食品中の食塩や脂肪の提言に取り組む食品企業の登録数	67社 （2014年度）	103社 （2016年度）	100社以上	◎
	⑬ゆっくりよくかんで食べる国民の割合	49.2%	53.4%	55%以上	△
	⑲食品の安全性について基礎的な知識を持ち，自ら判断する国民の割合	72.0%	79.4%	80%以上	△
	⑳食品の安全性について基礎的な知識を持ち，自ら判断する若い世代の割合	56.8%	70.3%	65%以上	◎
	⑦学校給食における地場産物を使用する割合	26.9% （2014年度）	26.0% （2018年度）	30%以上	▼

重点課題 4 食の循環や環境を意識した食育の推進	⑧学校給食における国産食材を使用する割合	77.3% (2014年度)	76.0% (2018年度)	80%以上	▼
	⑮農林漁業体験を経験した国民（世帯）の割合	36.2%	39.3%	40%以上	△
	⑯食品ロス削減のために何らかの行動をしている国民の割合	67.4% (2014年度)	76.5%	80%以上	△
重点課題 5 食文化の継承に向けた食育の推進	⑰地域や家庭で受け継がれてきた伝統的な料理や作法等を継承し，伝えている国民の割合	41.6%	47.9%	50%以上	△
	⑱地域や家庭で受け継がれてきた伝統的な料理や作法等を継承している若い世代の割合	49.3%	61.6%	60%以上	◎

注 1 ：表頭「達成状況」については，◎目標達成，△第 3 次食育推進基本計画作成時と現状値を比較して改善，▼作成時と現状値を比較して悪化を示す。
（出所）　農林水産省資料より一部抜粋。

用する割合30%以上」は設定から15年経った現在も改善の兆しが見えていない。前述のように，わが国の食文化である「和食」は地域の農業を核に地域の食材や伝統文化の中で継承されていくものである。地域の次世代を担う多くの児童・生徒が，食育や食農教育の一環として学校給食を通した「地産地消」の機会を持つことは，農業という産業への認識，地域の食文化の認知，地元愛の醸成，農業が維持されることでの地域の環境保全の理解等，食や農の学びのうえで，重要な役割を持つ。また，食や農の学びという点では，重点課題 4 にはその他に「農林漁業体験を経験した国民（世帯）の割合」が設定されている。これに関連して，農林水産省では，公表している食育によるエビデンスの中で，[2]農林漁業体験が食べ物に対する意識，関心，知識，食行動，心の健康と関係があることを明示しており，食育・食農教育の一手段として農林漁業体験の有効性を示している。

　さらに補足するならば，学校給食を介した食育・食農教育は，「重点課題 3 ：健康寿命の延伸につながる食育」や「重点課題 1 ：若い世代を中心とした食育の推進」（この場合の若い世代は20・30歳代を指す），「重点課題 5 ：食文化の継承に向けた食育の推進」につながることはもちろん，「重点課題 2 ：多様な暮らしに対応した食育の推進」のように，介入がきわめて困難な家庭の子どもに対しても，食の側面からの支援につながることが期待される。

　食生活における利便性の獲得と引き替えに，我々が失ってきたものは多い。しかしその反面で，今後，食生活の改善を図るための食育・食農教育をめぐっては多くの事柄と関連する可能性を秘めている。例えば，これからの学校給食の在り方を考えてみよう。日本の学校給食における完全給食の実施率は**表4－3**の通り，公立小学校で99.3%，公立中学校で93.2%と多くの児童生徒が享受している。つまり，それだけ多くの子どもたちに同時に一括して食育を施すことが可能であることを意味している。学校給食を介した食育は，前述のように第3次食育推進基本計画の5つの重点課題のすべてにおいて対応可能であるだけでなく，そこには関連する多くのビジネスチャンスが存在している。

　まず，食材費として保護者が支払う学校給食費を文部科学省「学校給食実施状況調査（2018年度）」のデータを用いて，児童生徒の数で単純計算をすると，公立小学校で月間約273億円（月額平均4,343円×児童数628万4,287人），公立中学校で月間126億円（月額平均4,941円×生徒数254万6,365人）となる。現在，学校給食への地場産使用率は26.0%（国産食材で76.0%）にとどまっており，地域及び国産食材の潜在的需要が存在する。ただし，給食現場においては，地場産の食材を導入したい場合でも，学校栄養士の業務過多や地場産食材の情報不足，食材調達面でのコーディネーターとなる主体の不足等の課題を抱えている。こうした課題を解決できれば，地域農業にとっても安定的な売り先や価格，所得の確保が期待され，日本の農業・農村の活性化と維持，発展に寄与することができる。もちろん，農産物の域内循環のみならず，関連する地域内の流通業，食品加工業等の関連産業においてもまた活性化の可能性を秘めている。

　さらに学校給食で提供するものは食材だけではない。料理を盛り付ける食器もまた食文化を理解するうえで重要なアイテムである。わが国では農業だけでなく，各地域の伝統工芸産業も安価な代替品等の出現や後継者不足によって厳しい状況にある。学校給食で地域の伝統工芸品の食器等の活用は，地域経済の循環はもちろん，地域産業を知る機会を子どもたちに与えることが可能となる。

　わが国の食文化研究の第一人者の石毛直道は，食文化は「農学，栄養学，生

理学，歴史学，民俗学のほかに，世界の食文化の比較には民族学や文明論，食事空間について述べるとすると建築学，調理道具や食器については道具論，盛りつけに関する事柄には美学，

表4-3　学校給食実施状況(公立小・中学校／学校数・生徒数)

全　国		総　数	完全給食	
			実施数	百分比(%)
小学校	学校数	19,338	19,194	99.3
	児童数	6,312,251	6,284,287	99.6
中学校	学校数	9,336	8,702	93.2
	生徒数	2,985,135	2,546,365	85.3

(出所)　文部科学省「学校給食実施状況等調査」2018年度

食の情景描写に関しては文学，食品の価値や外食については経済学や社会学……といったふうに，おおくの分野を網羅する[3]」と述べている。つまり，食生活は多様な学問や地域の事物・事柄と関連しており，その一例として，学校給食とのかかわりを持たすことで，次世代を担う子どもたちの多様な学びによる人材育成と，停滞する地域産業，地域経済にも貢献することが期待される。しかしそれには，食がもたらすあらゆる影響力の大きさを国民が理解することが不可欠である。

　食生活及びそれを取り巻く課題解決のために必要な食育・食農教育の分野は非常に多岐にわたる。また，それぞれの地域性や実情が異なることから統一的な方法がないことが食育・食農教育の難しさといえる。従って，然るべき食育・食農教育は，地域社会全体でその手法を確立することが望ましい。地域の食生活の課題解決は，それぞれの地域の農業・農村と環境の課題解決につながるだけでなく，最終的にはSDGsのような世界的な課題を解決に導く可能性を秘めている。

　注
(1)　「和食」の詳細は，農林水産省『和食　日本人の伝統的な食文化』を参照されたい。
(2)　食育によるエビデンスについては，農林水産省『「食育」ってどんないいことがあるの？〜エビデンス（根拠）に基づいてわかったこと〜』を参照されたい。
(3)　石毛直道（2015）「日本の食文化研究」『社会システム研究』特集号：9-17より引用。

（上岡美保）

推薦図書

江原絢子・石川尚子編著（2016）『日本の食文化　新版　「和食」の継承と食育』ア
　イ・ケイコーポレーション

上岡美保（2010）『食生活と食育——農と環境からのアプローチ』農林統計出版

斎藤修監修（2016）『現代の食生活と消費行動（フードシステム学叢書）』農林統計出
　版

時子山ひろみ・荏開津典生・中嶋康博（2019）『フードシステムの経済学』医歯薬出
　版株式会社

日本農業経済学会編（2019）『農業経済学事典』丸善出版

練習問題

1．主要な統計資料を用いて，多面的な視点から日本の食生活変化の特徴を整理する
　とともに，現在の食をめぐる課題について整理してみよう。

2．あなたの身近な地域の食文化はどのようなものか，それを継承するためにはどの
　様な食育や食農教育を行えば良いかを考えてみよう。

第5章	食品製造業・食品卸売業・食品小売業 の構造上の特徴

《イントロダクション》

　　本章では，食品産業に関する重要な概念と課題を理解することで，業界の今後の展望について議論ができるようになることをねらいとしている。まず，食品産業に関する基本的な専門用語と産業としての位置づけ，産業を構成する各主体の役割を把握する。そして，そのうえで食品産業の構造上の特徴を理解する。最後に，この章で取り上げた事項を踏まえて，食品産業の2020年代の展望に関する見方・考え方を例示する。なお，本章の内容は他章の内容やこれまで学んできた知識との関連性を意識することで，理解度がより高まるものとなっている。

キーワード：食品産業，産業連関表，加工食品，労働生産性，流通の効率性，構造変化，利益

1　食品産業の構成主体

(1)　産業を構成する各主体と位置づけ

　総務省「日本標準産業分類」（平成25年10月改定，平成26年4月1日施行）において産業とは，「財又はサービスの生産と供給において類似した経済活動を統合したものであり，実際上は同種の経済活動を営む事業所の総合体」と定義される。食品は生鮮食品と加工食品に大別されるが，食品産業は主に加工食品にかかる経済活動を対象としている。

　農林水産省は，「農林漁業および関連産業の国内生産額」を定期的に公表している。関連産業とは農林水産関係製造業，資材供給産業，関連投資業，関連流通業，外食産業である。そして，国内生産額は，日本に所在する各産業の事業所による生産活動によって生み出された財・サービスの総額をいい，中間需要と最終需要の合計から輸入分を差し引いた額を示す。直近の2015年の数値をみると，農林漁業及び関連産業の国内生産額合計は116.1兆円となっている。

これはわが国の全産業の11.4%にあたる。その内訳は，農林漁業12.9兆円（11.1%），農林水産関係製造業38.1兆円（32.8%），資材供給産業2.3兆円（2%），関連投資業1.9兆円（1.6%），関連流通業33.4兆円（28.8%），外食産業27.6兆円（23.7%）である。

(2) 各主体の定義と役割

上述のとおり，食品産業は主に加工食品にかかる経済活動を対象としているが，その担い手は農林水産関係製造業（食品製造業）[1]，関連流通業（食品卸売業と食品小売業），外食産業である。そのうち，本章では次章で対象とする外食産業を除いた各主体を取り上げる。最初に，総務省「日本標準産業分類」に基づき各主体の定義と役割を説明する。

① 食品製造業

「日本標準産業分類」において，有機又は無機の物質に物理的，化学的変化を加えて新製品を製造し，これを卸売業者又は小売業者に卸売する事業所が製造業に分類される。そのため，単に製品を選別する場合や包装の作業を行う事業所は該当しない。

続いて，食料品製造業に区分される事業所には，1）畜産食料品，水産食料品などの製造，2）野菜缶詰，果実缶詰，農産保存食料品などの製造，3）調味料，糖類，動植物油脂などの製造，4）精穀，製粉及びでんぷん，ふくらし粉，イースト，こうじ，麦芽などの製造，5）パン，菓子，めん類，豆腐，油揚げ，冷凍調理食品，そう（惣）菜などの製造が該当する。なお，清涼飲料，酒類，茶，コーヒー，氷，たばこ，飼料，有機質肥料を製造する事業所は，中分類上，飲料・たばこ・飼料製造業に区分される。

食料品製造業が生産する加工食品は，最終商品として消費者に利用されるもの以外にも他の食品製造業者や外食企業，中食企業で供給する商品の原材料（中間財）として使用されるケースがある。これは利用する業者が自ら生産するよりも低コストに抑えることが可能なうえ，利便性も高いからである。

食料品製造業は国産農林水産物の仕向先としても重要である。農林水産省「農林漁業及び関連産業を中心とした産業連関表」（以下，産業連関表）によると，2015年において国内生産した食用農林水産物9兆6770億円のうち，食品製造業

に投入（出荷）された金額は 5 兆6050億円（57.9％）に上った。このように国産
農林水産物と食料品製造業は密接に関わっていることもあり，食料品製造業が
主要産業として多くの地域を支えている。経済産業省「経済センサス 活動調
査」によると，地域内の製造業において食品製造業の製造品出荷額が 1 位〜 3
位に入った道府県は，北海道，宮城，新潟，奈良，高知，佐賀，宮崎，鹿児島，
沖縄をはじめ23に上る（列挙した道県は 1 位：2016年）。

　農林水産省（2019）『食料・農業・農村白書』で述べられているように，全
製造業に占める食料品・飲料製造業（以下，食品製造業）のシェアは，事業所数
15.0％（ 2 万8707事業所），従業者数16.1％（122万人），製造品出荷額11.5％（35
兆円），付加価値額12.4％（12兆円）である（2016年）。このうち事業所数と従業
者数は全製造業中 1 位にある。また，製造品出荷額と付加価値額は，輸送用機
械器具製造業に次いで 2 位となっている。これらより，食品製造業は製造業の
中でも看過できない位置づけにあることが分かる。ちなみに，食品産業セン
ター（2019）『食品産業統計年報』よりわが国の食料品・飲料製造業の規模を
個別企業で捉えると，サントリーホールディングス株式会社が 2 兆4203億円で
首位となっている（2018年）。

　②　食品卸売業

　卸売業及び後述する小売業は，原則として，有体的商品を購入して販売する
事業所が分類される。ただし，販売業務に伴う軽度の加工（簡易包装，洗浄，選
別等），取付修理は卸売業，小売業に含まれる。

　卸売業は，主として小売業または他の卸売業に商品を販売する業務や，建設
業，製造業，運輸業，飲食店，宿泊業，病院，学校，官公庁等の産業用使用者
に商品を大量又は多額に販売する業務などを行う事業所をいう。この区分には，
卸売商，産業用大口配給業，卸売を主とする商事会社，仲買人，農産物集荷業，
貿易商，製造問屋（自らは製造を行わないで，自己の所有に属する原材料を下請工場
などに支給して製品をつくらせ，これを自己の名称で卸売するもの）などの業態が該
当する。

　「日本標準産業分類」の中分類で農畜産物，水産物，食料品，飲料を仕入
れ・卸売する事業所として飲食料品卸売業（以下，食品卸売業）が区分されてい

るが，これは農産物・水産物卸売業（この中には米麦卸売業，雑穀・豆類卸売業，野菜卸売業，果実卸売業，食肉卸売業，生鮮魚介卸売業，その他の農畜産物・水産物卸売業が区分）と，食料・飲料卸売業（この中には砂糖卸売業，味噌・醤油卸売業，酒類卸売業，乾物卸売業，缶詰・瓶詰卸売業，菓子・パン類卸売業，飲料卸売業，茶類卸売業，その他の食料・飲料卸売業が区分）に大別される。

　生産と消費との間に存在する隔たりを埋めるための諸活動は，藤島ほか（2009）が示すように，主として6つある。食品製造業者が生産した加工食品や農家が生産した青果物等を対象に，食品卸売業のその活動は，商的流通機能，物的流通機能，情報流通機能の観点から説明ができる。

　第一に，人的隔たりに関するものであり，生産する人と消費する人が異なるという隔たりを埋めるために所有権を移転させる活動である。第二に，空間的隔たりに関するものであり，生産する場と消費する場が異なるという隔たりを埋めるために商品を移動させる活動である。第三に，時間的隔たりに関するものであり，商品を生産する時と消費する時が異なるという隔たりを埋めるために保管・貯蔵する活動である。第四に，情報的隔たりに関するものであり，生産者が持っている情報と消費者側が持っている情報が異なるという隔たりを埋めるための伝達活動である。第五に，数量的隔たりに関するものであり，生産者側で生産する量と消費者側で必要とする量が異なるという隔たりを埋めるための調整について取引を通じて行う活動である。第六に，価値的隔たりに関するものであり，生産者側で生産する生産物の規格数と消費者側で必要とする規格数が異なるという隔たりを埋めるための調整について取引を通じて行う活動である。

　上記のうち，第一は商的流通機能（商流機能）に関する活動である。この機能には価格決定機能，代金決済機能，金融機能，危険負担機能がある。そして，第二，第三，第五，第六は物的流通機能（物流機能）に関する活動である。この機能には輸送機能，保管機能，集荷機能，分荷機能がある。第四は情報流通機能に関する活動である。この機能には情報伝達機能と情報収集機能の2つがある。

　「経済センサス　活動調査産業別集計」より卸売業に占める食品卸売業のシェ

アをみると，事業所数19.4％（7万613事業所），従業者数19.6％（77.2万人）である（2016年）。そして，年間商品販売額は20.9％（85兆円）である（2015年）。食品産業センター（2019）『食品産業統計年報』よりわが国の食品卸売業の規模を個別企業で捉えると，三菱食品株式会社が2兆6203億円で首位となっている（2018年）。

③　食品小売業

　小売業は，主として個人用又は家庭用消費のために商品を販売する業務や，業務用での使用者に少量または少額に商品を販売する業務を行う事業所をいう。製造した商品をその場所で個人または家庭用消費者に販売するいわゆる製造小売業は，製造業ではなく小売業に分類される。また，行商，旅商，露天商などは，一定の事業所を持たないもの，また，恒久的な事業所を持たないものが多いが，その業務の性格上，こちらも小売業に分類される。

　「日本標準産業分類」の中分類において，主として飲食料品を小売する事業所は飲食料品小売業（以下，食品小売業）に区分される。この区分には各種食料品小売業，酒小売業，食肉小売業，鮮魚小売業，野菜・果実小売業，菓子・パン小売業，米穀類小売業，その他の飲食料品小売業（飲食料品を中心としたコンビニエンスストアなども対象）が該当する。

　食品小売業者は，生産と消費との間に存在する隔たりを埋めるための諸活動を商品の仕入れ形態に応じて食品卸売業者，食品製造業者，産地等との間で行うが，情報的隔たり，数量的隔たり，価値的隔たりについては商品を欲する消費者との間でも行なう。とりわけ，後者の消費者に直接対峙して行なう諸活動は，需要に供給をマッチさせる観点からもサプライチェーンにおいて重視されている。

　「経済センサス　活動調査産業別集計」より小売業全体に占める飲食料品小売業のシェアをみると，事業所数で30.2％（29万9120事業所），従業者数で39.4％（301.2万人）となっている（2016年）。そして，年間商品販売額は28.6％（39.5兆円）である（2015年）。食品産業センター（2019）『食品産業統計年報』よりわが国の小売業の規模を個別企業で捉えると，イオン株式会社が8兆5182億円で首位となっている（2018年）。

2 近年における食品産業の構造上の特徴

　産業連関表より飲食料の最終消費額に占める生鮮食品等，加工食品，外食の割合の変化を1980年から2015年にかけてみると，生鮮食品等が減少し，加工食品と外食が増加する傾向にある。特に，加工食品において顕著であり，2015年には過去最高の50.5％に達した。

　これに伴い，飲食料の最終消費額からみた部門別の帰属額及び構成比の割合において食品製造業，食品流通関連業，外食産業の値が高まる一方で，農林漁業が低下している。表5-1より1990年と2015年を比較すると，食品製造業では22兆8210億円から26兆9860億円へ増えており，増加率は18.3％に上った。そして食品関連流通業でも21兆430億円から29兆4820億円へと増え，増加率は40.1％に達した。それに対して，農林漁業では14兆4050億円から11兆2740億円に減り，減少率は21.7％に上った。この結果，帰属額に占める構成比は食品製造業で32.2％と過去最大，農林漁業では13.4％と過去最低となった。

　以下では，このような趨勢において食品製造業，食品卸売業，食品小売業の各市場にどのような構造上の特徴がみられるかを取り上げる。なお，本章ではフードビジネスの発展に不可欠な「利益」をキーワードにこの把握を行う。

(1)　**食品製造業の低い労働生産性**

①　政策課題にもなる深刻な現状

　農林水産省は（2018）「食品産業戦略　食品産業の2020年代ビジョン」（以下，2020年代ビジョン）を公表した。2020年代ビジョンでは食品製造業を中心に食品産業が抱える現状の課題をあげており，その中には食品製造業の低い労働生産性が指摘されている。食品製造業の場合，飲食料の最終消費額に占める加工食品の割合が過去最高水準に達し，帰属額，構成比も増加しているので恵まれた状況にあるようにみえるが，この点から捉えると実は大きな課題を有している。

　この課題の意味は，従業員を多く抱え，労働力の大量投下をしているので同額の付加価値額や売上総利益額を得るとしても他産業に比較して非効率的になっているというものである。食品産業センター（2019）『食品産業統計年報』（基データは財務省総合政策研究所「法人企業統計調査」）より2018年の従業員1人当たり付加価値額をみると，全産業平均730万円，製造業平均859万円となって

表5-1　飲食料の最終消費額からみた部門別の帰属額および構成比の推移

単位：10億円

	区分	1980年	1985年	1990年	1995年	2000年	2005年	2011年	2015年	増減率(%) 15年/'90年
実数	合計	49,191	61,652	72,124	82,455	80,611	78,374	76,204	83,846	116.3
	農林漁業	13,515	14,457	14,405	12,798	11,405	10,582	10,477	11,274	△21.7
	国内生産	12,278	13,056	13,217	11,655	10,245	9,374	9,174	9,677	△26.8
	輸入食用農林水産物	1,237	1,402	1,188	1,143	1,160	1,208	1,303	1,598	34.5
	食品製造業	13,582	19,382	22,821	24,995	25,509	24,346	23,966	26,986	18.3
	国内生産	11,628	17,019	18,795	20,398	20,681	18,876	18,051	19,792	5.3
	輸入加工食品	1,954	2,364	4,026	4,597	4,829	5,471	5,916	7,194	78.7
	食品関連流通業	13,359	15,916	21,043	27,587	27,397	27,868	26,615	29,482	40.1
	外食産業	8,736	11,896	13,855	17,075	16,299	15,577	15,146	16,104	16.2
構成比 (%)	合計	100.0	100.0	100.0	100.0	100.0	100.0	100.0	100.0	100.0
	農林漁業	27.5	23.5	20.0	15.5	14.1	13.5	13.7	13.4	△6.6
	国内生産	25.0	21.2	18.3	14.1	12.7	12.0	12.0	11.5	△6.8
	輸入食用農林水産物	2.5	2.3	1.6	1.4	1.4	1.5	1.7	1.9	0.3
	食品製造業	27.6	31.4	31.6	30.3	31.6	31.1	31.5	32.2	0.6
	国内生産	23.6	27.6	26.1	24.7	25.7	24.1	23.7	23.6	△2.5
	輸入加工食品	4.0	3.8	5.6	5.6	6.0	7.0	7.8	8.6	3.0
	食品関連流通業	27.2	25.8	29.2	33.5	34.0	35.6	34.9	35.2	6.0
	外食産業	17.8	19.3	19.2	20.7	20.2	19.9	19.9	19.2	0.0

注1：総務省等10府省庁「産業連関表」を基に農林水産省各部が推計したデータである。
　2：構成比の増減はポイント差である。
　3：平成23年以前については、最新の「平成27年産業連関表」の概念等に合わせて再推計した値である。
　4：帰属額とは、飲食料の最終消費額のうち、当該部門に帰属する額を示している。具体的には以下により求めた。
　　農林漁業及び食品製造業のうち国内生産：食材として国内に供給された額から、使用した食材及び輸入加工食品の額。
　　食品製造業のうち国内生産及び輸入加工食品：飲食料が最終消費に至るまでの流通の各段階で発生する流通経費（商業マージン及び運賃）の額。
　　食品関連流通業：食品が最終消費に至るまでの流通の各段階で発生する流通経費（商業マージン及び運賃）を控除した額。

（出所）農林水産省HP　Excel「農林漁業及び関連産業を中心とした産業連関表（飲食費のフローを含む）」（2020年8月2日閲覧）を基に作成。

いる中，食料品製造業平均では551万円となっている。この一因には，労働装備率が低いことがあげられる。労働装備率は建設仮勘定を除いた有形固定資産額を従業員数で除したものであるが，この値をみると全産業平均1066万円，製造業平均1065万円であるのに対し，食品製造業平均は842万円と製造業平均の80％程度に留まっている。つまり，食品製造業は他産業と比較して手作業に依存する割合が高いのである。

　2020年代ビジョンでは，今後の方向性として3つの戦略を掲げているが，そのうちの2つは食品製造業の低い労働生産性の現状に関連したものである。具体的には，付加価値額の3割向上（第一の戦略）と労働生産性の3割向上（第三の戦略）である。

　②　構造変化がみられない中小事業者の労働生産性の低さ

　わが国の食品製造業者は99％以上が中小事業者によって構成されている。しかし，先述の「法人企業統計調査」では資本金5億円以上の企業はすべて調査対象としているものの，資本金5億円未満の企業については，資本金階層ごとに業種別に分類したうえでそれぞれの層から無作為に対象を抽出しているため，大多数を占める中小事業者の労働生産性の状況は正確に把握できない。こうしたことから，中小企業庁「中小企業実態基本調査」より算出した中小事業者の労働生産性を2004年から2019年の期間でみると，製造業，食品製造業，食料品製造業，飲料・たばこ・飼料製造業では生産性が大幅に向上する構造変化は確認できない（図5-1）。

　ただし，一部の大企業には異なる実態がみられる。東洋経済新報社（2020）『四季報2020年2集』では，中小企業庁のデータと同様に従業員1人当たり売上総利益額を生産性の指標とし，上場企業を対象に19年1～12月期の値と5年前（2014年）の同決算期の値を比較している。これによると，2019年に食料品として集計されている企業は109社存在し，[6]製造業の区分で集計された合計1288社の8.5％を占めた。そして，食料品の従業員1人当たり売上総利益は2095万7000円であった。これは，先述の中小食品製造業の同年の値の5.3倍にあたる。また，上記の資料で示される上場企業の製造業平均1163万1000円，東証1部平均（全産業）1558万8000円，東証2部平均（全産業）1225万2000円，マ

64

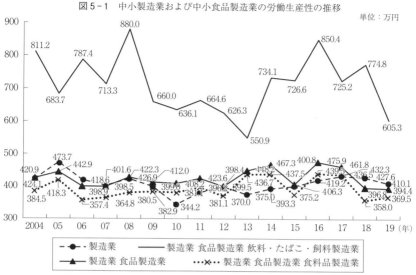

図 5-1　中小製造業および中小食品製造業の労働生産性の推移

単位：万円

注：生産性＝売上総利益／従業員数で算出（万円／人）しており，財務省総合政策研究所「法人企業統
　　計調査」の付加価値額より粗い数値である。
（出所）　中小企業庁「中小企業実態基本調査」各年版より筆者作成。

ザーズ平均（全産業）1850万3000円，ジャスダック平均（全産業）1354万2000円
よりも大幅に高い。ちなみに，この水準は上場企業の区分で医薬品（44社）
2518万1000円，石油・石炭製品（7社）2277万9000円に次いで3番目に高い。
しかも5年前との比較でも1.1倍増加した。このように，上場している少数の
大手の労働生産性は，食品産業のなかでも別格となっている。

　なお，労働生産性の高い大手企業は，ビール類製造業，蒸留酒・混成酒製造
業，砂糖製造業等に多い傾向がみられる。個別企業に焦点をあてると，これら
の業種には該当しないが，1000億円以上の規模では株式会社スシローグローバ
ルホールディング（寿司の外食店をチェーン展開：従業員1人当たり売上総利益額
4652万7000円），100億円以上1000億円未満では株式会社北の達人コーポレー
ション（健康食品などのネット販売：従業員1人当たり売上総利益額7414万9000円）
が高い値を示している。

(2)　W/R 比率の漸減の背後でみられる構造変化

　日本の食品産業の場合，川上から川下に至る取引が多段階的となっており，

個別の流通経路によっては３回以上卸売業者間で取引を行うケースも存在する。食品卸売業者と食品小売業者の流通経路を対象に，流通の効率性（流通経路の多段階さ）を示す指標に W/R 比率（wholesale/retail sales ratio：流通迂回率）がある。木島（2016）で述べられているように，この値が1.0である場合，食品小売業の販売額と食品卸売業の卸売額が同額なので各商品が平均１回食品卸売業者を経由して食品小売業で販売したと理解される（食品小売業のマージンは除外）。それに対して0.5の場合は，半分を食品卸売業者から仕入れ，残りの半分を食品製造業者から直接仕入れて販売したと解釈される。そして，2.0の場合は１次卸売業者と２次卸売業者を経由して仕入れ販売したと解釈される。こうしたことから数値が低いほど効率的と判断する指標となっている。

　図５−２は経済産業省「商業動態統計」より農畜産物・水産物卸売業と食料・飲料品卸売業の販売額と飲食料品小売業の販売額を用いて算出したW/R 比率の推移を示したものである。これによると1980年から2014年の長期にわたり漸減した。この構造変化の詳細について，同比率の値を0.5間隔で区切って同期間を捉えると，①2.5以上で推移した期間（1980年〜1991年），②2.0以上〜2.5未満で推移した期間（1992年〜2004年），③1.5以上〜2.0未満で推移した期間（2005年〜2010年），④1.5未満で推移した期間（2011年〜2014年）に分けられる。これらの年数をみると，①の期間では次の期間に移行するのに12年，同様に②の期間でも13年の年月を経たものの，③の期間では，これまでの半分の早さで移行したうえ，2.0の大台も下回った。そして，2005年以降も2.0未満で推移している。

　上記にみた W/R 比率低下の一因には，消費者の食品の購入先が大きく変化したことに伴って，パパママストアといわれる個人経営で従業員２人以下の飲食料品小売業に代表される小規模店が減少する一方で，従業員20人以上の規模の食品小売業が増加していることが関係している。それは，与信管理の関係上，小規模向けには二次，三次食品卸売業者を経由するが，大手のコンビニエンスストア（以下，CVS）やスーパー向けは，三菱食品株式会社や日本アクセス株式会社などの大手食品卸売業者が直接取引を行っており多段階とならないからである。

図5-2　食品流通を対象とした W/R 比率の推移

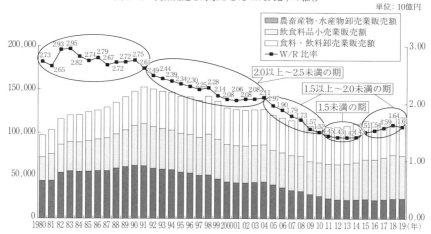

注：W/R 比率＝（農畜産物・水産物卸売業販売額＋食料・飲料卸売業販売額）／飲食料品小売業販売額で算出。
（出所）　経済産業省「商業動態統計」各版より筆者作成。

　総務省「商業統計調査」より食料品小売業の個人事業所数をみると，1991年には45万3450事業所であったのが，2016年には14万8953事業所へ激減した。また，食品小売業全体において従業員2人以下の規模が占める割合も53.2％から17％へ大きく低下した。他方，CVSは食料品の販売チャネルとして存在感が高まり続けている。「経済センサス　活動調査」及び「商業統計調査　産業編」によると，飲食料品を中心としたCVSは2002年では4万843事業所であったのが，2016年で4万9463事業所へと増加した（増加率21.1％）。

　日本フランチャイズチェーン協会「コンビニエンスストア統計時系列データ」によると，2016年のCVSは5万3628店舗であった。上記の商業統計調査の数値と対比させると同主体の実に90％以上が飲食料品を中心に販売していることになる。こうしたことから，上述の資料より近年のCVSの動向を捉えると，客単価，客数の増加を伴って売上高及び店舗数が増加傾向で推移している（表5-2）。2008年と2019年を比較すると，店舗数1.3倍，売上高1.4倍，客数1.3倍，客単価1.1倍となった。

　食品小売業における小規模事業所の減少は，取引関係にある食品卸売業者へ

表 5-2　CVS の店舗数，売上高，客数，客単価の推移

(年)	店舗数（店）	売上高（10億円）	客数（100万人）	客単価（円）
2008	41,714	7,857	13,282	591.5
2009	42,629	7,904	13,661	578.6
2010	43,372	8,018	13,892	577.1
2011	44,397	8,647	14,287	605.2
2012	46,905	9,027	14,902	605.8
2013	49,335	9,388	15,483	606.4
2014	52,034	9,735	16,061	606.1
2015	53,004	10,206	16,759	609.0
2016	53,628	10,507	17,175	611.8
2017	55,322	10,698	17,303	618.2
2018	55,743	10,965	17,427	629.2
2019	55,620	11,161	17,459	639.3

注：店舗数は各年の12月時点。
（出所）　日本フランチャイズチェーン協会「コンビニエンスストア統計時系列データ」
　　　より筆者作成。

マイナスの影響を与える。中小企業基本法の「中小企業者」と「小規模企業
者」の定義によって，常用雇用者数が20人未満を小規模事業者，100人未満を
中小事業者，100人以上を大手事業者と位置づけ，その動向を捉えると小規模
事業者数の減少が顕著となっていることが確認できる。総務省「事業所・企業
統計調査」，「経済センサス　基礎調査」及び「経済センサス　活動調査」による
と，1981年以降において飲食料品卸売業数のピークは1991年の10万1056事業所
であった。このうち，小規模事業者は 9 万1660事業所と90.7％を占めた。同年
以降は減少傾向に転換し，2016年には飲食料品卸売業数は 7 万613事業所，う
ち小規模事業者数が 6 万2537事業所（88.6％）となり，それぞれピーク時から
の減少率は30.1％，31.4％に上った。[(7)] 一方，大手事業者は1981年に333事業所
であったのが2016年には622事業所へと増えており，この期間の増加率は
86.8％に上った。

　以上のように，W/R 比率が漸減するなか，その背後では算出式のW（食品
卸売業）とR（食品小売業）それぞれで小規模事業者を中心に構造変化が生じて
いる。そして，この変化は食品流通全体としての取引機会（回数）を減少させ
るので結果的に図 5-2 の棒グラフ部分で示したように，市場規模の縮小を招
いている。

3　食品産業とフードビジネス——2020年代の展望に向けて

　最後に，これまで取り上げてきた内容を踏まえながら食品製造業の今後の取り組みについて言及する。

　前述のように，製造業の中でも食品製造業の労働生産性は低い。だが，食品製造業といっても食料品製造業と飲料製造業では，状況に大きな違いがある。というのは，飲料製造業の場合，サントリーホールディングス株式会社やアサヒビールホールディングス株式会社，キリンホールディングス株式会社等の世界的規模にある上場企業が複数存在することもあり，従業員1人当たり付加価値額は2600万円と食料品の上場企業平均より大きいからである。ゆえに，2020年代ビジョンに示される方向性を目指すとしても，両者を分けて考える必要がある。

　食料品製造業では，増加し続ける輸入品との競合を踏まえると，新たな価値の創出によって付加価値額の3割向上（第一の戦略）を目指すことが望まれる。それは原料集約的なコスト体制にあり規模の経済や範囲の経済が発揮し難いこともあり，短期的にコストを削減することによる生産性の劇的な向上は難しいからである。経済産業省「工業統計調査　産業別統計表」（4人以上の事業所）によると，2018年の食料品製造業の製造品出荷額等に占める原材料使用額等のシェアは61.1％，現金給与総額のシェアは11.4％と，2つの指標だけに限ってみても分割可能な費目の合計は70％を超える。それに対して，飲料製造業ではそれぞれ41.1％，5.5％と低い。こうしたことから，劇的な円安にならない限り，引き続き食料品製造業では輸入品に比較してコスト高となる傾向が予測されるので，価格以外の面が特に重要となると考えられる。その際の対策には，利用可能な資源を強みとして有効活用すべく，地域内はもちろん，地域を越えた農商工連携等を実践し，かつ特長（訴求ポイント）に関しても科学的根拠（エビデンス）を示しながら消費者や実需者（中間財としての利用者）にとって魅力的な新商品を開発することが望まれる。

　飲食料品製造業の場合，世界市場でのシェア獲得の観点から海外売上高の3割増加（第二の戦略）が期待される。その際の対策として考えられるのは，規模の経済や範囲の経済等をいかすことによるコストの削減，新規顧客の獲得，

商品開発力の向上，即効性等のメリットを念頭に置いた M&A や，世界的な標準品，差別化商品の創出を目的とした国際マーケティングの導入・活用等があげられる。

　今日では消費者ニーズの変化が激しく，製品ライフサイクルの短縮化が進んでいるだけに，上記の戦略に関する意思決定は容易ではない。だが，国内の食市場は人口減少や少子高齢化に伴って縮小が予測されているうえ，コロナ禍により業界を取り巻く環境にも変化が出ていることもあり，各企業は将来を見据えたビジョンとその実行が待ったなしの状況にある。今後，食品企業の特長ある企業行動にいっそう注目が集まるだろう。

　注
(1)　食品製造業とは，後述する総務省「日本標準産業分類」に示す食料品製造業と飲料・たばこ・飼料製造業の値の合計から「たばこ製造業，飼料・有機質肥料製造業」の値を除いた区分である。この用語は，同様に後述する農林水産省『食料・農業・農村白書』で用いられる食料品・飲料製造業と同じものである。学術分野でも一般的に「食品製造業」という用語が使用されるが，本章では，場面によって用いる資料の違いからそれぞれの用語が混在するかたちで登場する。なお，上述の定義にみられるように，食品製造業と食料品製造業では区分上の範囲が異なるので，本章では両者を使い分け用いている。
(2)　有体的商品とは形のある物を意味する。
(3)　菓子屋，パン屋などにこの例が多い。
(4)　食品スーパーマーケットが含まれる。
(5)　サプライチェーンとは，商品の原料調達から完成した商品が消費者に届くまでの一連の過程を意味する。
(6)　この資料の食料品の集計では，食品製造業，食品卸売業，農林水産関係製造業等が同一区分となっている。この集計区分において，最大手は日本たばこ産業株式会社（たばこ製造業：2兆1700億円），第2位が味の素株式会社（調味料製造企業：1兆1800億円）であった。
(7)　なお，1次卸売業者，2次卸売業者，3次卸売業者では同じ商品を仕入れるにしても単価に決定的な差異がでる。それは，仕入先の利益を含んだ流通経費が加算されるからである。例えば，3次卸売業者の場合，1次，2次卸売業者の流通経費が加算される。ゆえに，多段階的なルートを経て仕入れる卸売業者では，そうではない卸売業者に比較して価格面で競争力が劣るケースが一般的となる。こうしたこと

から川下において低価格への要求が高まると厳しい状況に置かれることになる。

⑻　飲料製造業とは，飲料・たばこ・飼料製造業の合計から「たばこ製造業，飼料・有機質肥料製造業」の値を除いた区分である。

⑼　経済産業省「工業統計調査　産業別統計表」（4人以上の事業所）より算出した。

⑽　デイビット・ベサンコほか（2011）に基づくと，規模の経済は「ある範囲の生産規模で生産量が増えるに従って，商品またはサービスの平均費用（生産量当たりの費用）が下がる時の生産プロセス」のことを，そして，範囲の経済は「さまざまな商品やサービスを，複数の異なる企業で生産した場合と比較して，単一企業で生産した場合の方が，総費用が減少する時の生産プロセス」のことを意味する。

⑾　総コスト低下のために，原材料使用額等のシェアを削減すべく輸入品に原材料を切り替えると，国内産地にはマイナスの影響を与えることになる。

（菊地昌弥）

推薦図書

高橋正郎監修，清水みゆき編『食料経済学——フードシステムから見た食料問題第5版』オーム社。

デイビット・ベサンコ，デイビッド・ドラノブ，マーク・シャンリー著，奥村昭博・大林厚臣監訳（2011），『戦略の経済学』ダイヤモンド社。

渡辺達朗・原頼利・遠藤明子・田村晃二（2008），『流通論をつかむ』有斐閣。

練習問題

1．なぜ食料品製造業では労働装備率が低いのかを，品目による生産形態や原材料の形状等を意識して考えてみよう。

2．新たな価値の創出によって付加価値額を増加させるためには，どのような取り組みが有益と考えられるかを，事例を活用しながら具体的に考えてみよう。

<table>
<tr><td>第6章</td><td>外食産業の構造変動</td></tr>
</table>

《イントロダクション》

　われわれの日常生活で欠くことのできない外食。わが国の飲食業は，どのように産業化を実現したのか？　今日，外食産業で使用される食材は，業務用市場として大きなマーケットを形成し，食材を提供する食品企業や農業にとっても重要な販路であり，新たなビジネスチャンスになっている。しかし，市場の成熟化や"中食"との競合，さらには人材不足問題などに直面し，新たな対応が求められている。

キーワード：多店舗展開，調理の外部化，開放型調理技術体系，セント
　　　　　　ラルキッチン（CK），業態・業種，業務用市場，ＦＬコ
　　　　　　スト，海外進出，フランチャイズ

1　外食市場の規模

　われわれの日常生活で欠くことのできない外食。

　外食の定義は，一般に狭義と広義の意味がある。狭義の外食は，食事をする空間とともに食事を提供する形態のものを指すのに対し，広義の外食とは，持帰り弁当などのテイクアウトも含めた産業全体を総称するものである。

　図6-1は，2019年時点におけるわが国の外食産業の市場規模を示したものである。

　広義の外食産業を大きく「給食主体部門」「料飲主体部門」に分け，前者は飲食店などの「営業給食」と学校や事業所などの「集団給食」に分類され，「営業給食」には一般的に家の外で食事をする人々に料理やサービスを提供する「飲食店」と「機内食等」「宿泊施設」などが含まれ，「集団給食」には「学校」，「事業所」，「病院」，「保育所給食」が含まれる。さらに，「料飲主体部門」には，「喫茶店，居酒屋等」の外食店の他，「料亭・バー等」が含まれる。なお，

図6-1　外食産業の市場規模と構成

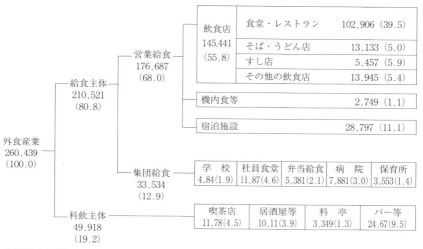

注：億円，（　）内は％
（出所）（一社）日本フードサービス協会推計値より作成。

　広義での「外食産業」としては，弁当・惣菜などの「料理品小売業」が含まれる。

　外食産業の市場規模推計によると，「給食主体部門」が21兆521億円で全体の80.8％を占め，「料飲主体部門」は4兆9918億円で全体の19.2％となっている。総額でみた外食産業市場規模は26兆439億円である（図下部の料理小売業も含めると，33兆3184億円）にもなる。なお，こうした外食産業における市場規模は，食料品製造業や化学工業（ともに29.7兆円）などと比べると，予想以上に大きく，裾野の広い産業であることが理解できよう。

　外食産業における市場規模の推移でみると，人口減少や高齢化に伴う食需要の縮小や，節約志向の高まりによる低価格化の進行，コンビニストアやスーパーマーケットなどによる弁当・惣菜（「中食」）の販売強化などを背景として，1997年をピークに，以降，減少・停滞状況にある。しかし，その間，前掲図の欄外で示した「料理品小売業」については，中食需要の増加に対応して急速に伸びていることに注目しなければならない。

②　多店舗展開（チェーンレストラン）とそれを支える"調理の外部化"

　従来，家業であった飲食業が産業として確立（産業化）したのは，それまで続いてきた一般の飲食店とは違うタイプの外食企業によるものだ。その多くは1970年代初頭に，資本の自由化を契機にわが国に進出・誕生したものである。背景には，高度経済成長によって1人当たりの国民所得が高まることで消費者の経済的余裕ができ，団塊の世代による"ニューファミリー"の出現などが，外食及び外食産業を受け入れる要因となったことが挙げられる。この時期に，わが国の外食産業をリードしてきたファミリーレストランの"すかいらーく"，"ロイヤルホスト"，ファストフードの"ケンタッキー・フライドチキン"，"マクドナルド"などの開業が相次いだ。

　当時，これらの外食企業は，わが国の飲食業において一連のイノベーションを実現していった。それら従来の飲食業にないニュータイプの外食企業に共通する経営戦略の1つが，多店舗展開（チェーンレストラン化）である。

　もともと飲食業は，調理人・職人によって支えられていた。しかし，そのような調理人・職人に依存していたのでは多店舗展開は困難となり，たとえ多店舗展開ができたとしても，同じ味の料理をすべての店舗で提供することはできない。こうした課題を解決したのが，それまでの前処理～サービス，消費までの全工程を店舗内で行う「自己完結型調理技術体系」における空間的一貫性と時間的順次進行性を打破した「開放型調理技術体系」(1)（図6‐2）に基づくセントラルキッチン（Central Kitchen，以下 CK）(2)の設置と，各店舗に配属される従業員の教育におけるマニュアル方式であった。チェーン化した各店舗に提供される食材は，あらかじめ CK で1次加工もしくは2次加工された調理済み食品で，各店舗では，その食材をマニュアルに従って最終調理するだけで顧客に提供される。すなわち，従来，店舗の厨房で素材から調理していたものを"分業化"し，その相当部分を CK で行い（調理の外部化），仕上げの調理過程だけを各店舗で行うというシステムを編み出した。そのことにより，各店舗にマニュアルに対応し得る従業員さえいれば，それがアルバイトやパート職員であったとしても，同一品質の料理を客に提供することができる。そのことによって，多店舗展開(3)を可能としたのである。

図6-2　自己完結型調理技術と開放型調理技術

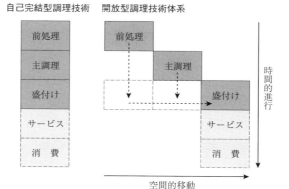

（出所）　岩淵道生『外食産業論』農林統計協会．p 36, 図 1-4-2 を
加筆・修正。

　このような CK による前処理過程や主調理過程の集中管理方式は，その後，
外食企業と食品製造業との間の仕様書発注などへと発展し，さらに一般化して
いった。外食企業がそれぞれその企業の個性・要望に沿った調理の仕様を書い
たレシピで食品メーカー等に発注し，そこで前処理食材をつくってもらい，そ
の食材をチェーン展開する各店舗に配送し，多店舗展開を幅広く可能にして
いった。

　企業内分業（CK 利用）であれ，企業間分業（仕様書発注利用）であれ，この
ような調理の外部化は，前述のような脱職人による多店舗展開と全国均一メ
ニューの提供とを可能にしただけでなく，注文から料理を提供するまでの時間
を短縮するといったサービスを可能にし，また客席の回転率を高め，さらに各
店舗の厨房面積を縮小し，客席数を拡大させるというメリットをもたらした。

　その結果，家業としての飲食店から，多店舗展開に基づく外食企業の成長と，
外食の産業化を実現することになった。それに伴い，外食市場における（多店
舗展開した）大手外食企業によるその販売額シェアは徐々に高まり，食品小売
市場におけるスーパーマーケットほどではないものの，上位企業への集中化も
進行し，食材供給メーカーなどに対するバイイング・パワーを持つ場面も生じ
ている。

3 業種と業態——業態開発の必要性

前述した多店舗展開（チェーンレストラン）とそれを支える調理の外部化により，わが国の飲食業は産業化を果たしたが，多様化する消費者の外食ニーズに呼応するように，外食業界も業種・業態を変化させながら変貌してきた。

業種とは，「主に何を売る店か」という視点からの分類方法で，外食の場合は提供するメニューの種類によって分類するのが一般的である。例えば，日本料理店，そば・うどん店，寿司店，西洋料理店，中国料理店，などである。それに対して業態とは，「営業手法の違い」による分類方法である。つまり顧客のセグメントや利用シーンなどを意識した分類となる。例えば，ファストフード，ファミリーレストラン，カフェ，などである。

代表的業態であるファストフードについてみると，その特徴は，メニューは単品あるいは数種類で構成されており，注文・配膳はカウンター越し，注文後短時間（3分未満）で提供される商品はテイクアウトも可能，ということが挙げられる。厨房では事前に前処理・加工された食材を注文に応じて調理し，最終商品に仕上げて提供する。厨房機器は商品に特化した専門的な仕様となる。また，スタッフの技能に関係なく，統一された商品をつくることができるため，人件費，店舗投資額を抑制することが可能で，一般的に利益率が高くなる。つまり，前述した調理の外部化と多店舗展開を適用した代表的なものと言える。

ファストフード業態も，ハンバーガーなどに代表される"洋風"ファストフードと，牛丼に代表される"和風"ファストフードに大きく分けることができ，高い投資効率を支えるためには，いずれも強い"商品力"を持つと同時に，来店客の回転率の高さが求められる。

外食企業においては，消費者の嗜好の変化などにより既存業態の成長は比較的短期間で頭打ちになることが多いため，新たな業態を開発し成功させることが，その企業成長にとっては極めて重要となり，業態開発が盛んに行われる。しかし，業態の"模倣"も多く，その競争優位性を持続することは容易ではない。こうしたことから，外食企業における競争関係は，従来の同一業態内における企業間の競争関係より，前述したように外食市場が成長から停滞に移行するに伴い，業態を超えた（業態間の）競争関係へ，そしてさらには中食や内食

などの食スタイル間の競争へとシフトしてきていることに留意しなければなら
ず，現在は，そのことも意識した業態開発が求められている。

［4］　外食企業における食材調達——業務用市場

　若干古くはなるものの，外食産業における食材の仕入れ実態に関する統計に
よれば，外食店の平均的な食材費（仕入金額ベース）に占める割合として最も多
い品目は，「加工食品等（半加工品，製品）」(33%)で，次いで「水産物（生鮮・
冷蔵・冷凍）」(28%)，「畜産物（生鮮・冷蔵・冷凍）」(18%)，となっており，こ
れら3品目で全体の約8割を占めている。米などの穀物は10%，野菜（生鮮・
冷凍）は9%，果樹（生鮮・冷凍）が2%である。

　業態別にみると，ファストフード及びファミリーレストランでは，「加工食
品等（半加工品，製品）」の割合が最も多く，その他のレストランでは「水産物
（生鮮・冷蔵・冷凍）」の割合が最も高い。

　一方，こうした食材の仕入れルートは，外食産業全体では多様なものとなっ
ているが，おおむね以下のようなタイプに整理できる。(1)大手チェーン店（企
業）が採用している直営の自社流通で，食材在庫，CK，冷凍輸送トラックの
"食材配送システム"が整備され，ジャスト・イン・タイム方式で各店舗に配
送されるもの。(2)中小の外食チェーン企業などが採用しているもので，食材卸
売業者ルート。食材卸売業者を利用することで安定供給，多種多様な食材を小
ロットでも入手可能で，一か所で調達でき，仕入れ業務の簡略化などが図れる。
しかしその一方で，仕入れ可能食材が卸売業者の取扱品に限られる等のデメ
リットもある。(3)直接仕入れルートで，メーカーやJAなどからの直接仕入れ
などとなる。そして(4)小売店ルート。主に小規模の個人店がスーパーマーケッ
トや専門小売店から食材を仕入れるものである。

　なお，食材調達の関係で近年注目をすべきものとして，外食企業の農業参入
がある。食品関連産業による農業参入としては，百貨店やスーパーなどの小売
業からの参入が多いが，外食企業としては，居酒屋チェーンのワタミが比較的
早くから参入し，さらに，モスフードサービスやリンガーハット，サイゼリヤ
などの大手外食企業の参入が相次いだ。しかし，農業への参入を継続すること

は難しく，別の農業法人への委託栽培や農商工連携などによる展開へと変化してきている。そうした中で，モスバーガーを展開している株式会社モスフードサービスでは，モスバーガー各店舗で使用する生鮮野菜の安定した調達と産地との協力体制強化を目指し，2017年に農業生産法人「株式会社モスファーム千葉」を設立し，翌18年から本格的な作付けを開始した。モスバーガーではこれまで農業生産法人を設立するのは全国で7例目となる。自社のハンバーガーに必要不可欠なトマトの確保と品質の強化のほか，玉ねぎの新規産地開拓を目指している。

　いずれにせよ，外食産業で使用される食材市場（業務用市場）は，外食産業の発展・拡大とともに急速に拡大し，食品企業や農業部門における新たなビジネスチャンス（販路）にもなっている。例えば，前述した統計によれば，外食店における野菜の仕入れ割合は9％であるものの，同時にその国産割合に注目すると85％となっている。⁽⁶⁾つまり，外食企業における国産野菜に対する市場（需要）は，カット野菜も含めて大きなものとなっており，こうしたことから，国内産地やカット野菜業者，さらには中間業者（産地と外食企業などの調整・コーディネート機能を果たす企業）などにおける新たな動き，対応がみられるようになった。

⑤ 経営管理——ＦＬコストと人材育成

　外食店の売上高は「客席数」「客席回転率」「客単価」「営業日数」の4要素で構成され，式にすると「売上高＝客席数×客席回転率×客単価×営業日数」となる。外食店は，メニューの充実や新商品の開発，店舗内の"くつろぎ"の空間作り，接客サービスの向上などにより客席回転率と客単価の向上を図らなければならない。

　しかし売上の上昇を狙い，客単価上昇のため安易にメニューの価格を引き上げることは避けなければならない。客単価とは顧客が店に対して"支払ってもいい"と認めた金額となる。外食店で価格に差があっても成功しているのは，店が提供する付加価値に顧客が満足していることになる。売上アップには，この付加価値を高めて客数を増やすことが優先される。ちなみに付加価値は，

Quality（料理や味の品質），Service（接客マナー，もてなし），Cleanliness（清潔感のある店舗や店員の服装，身だしなみ）などから決定される。

　外食店経営で重要な指標となるのがＦＬコストと呼ばれるものである。ＦはFood，ＬはLaborの略で，食材費と人件費をそれぞれ意味する。外食店経営では，食材費と人件費の組み合わせを管理することが重要となり，標準的なＦＬ比率は55～65％といわれ，70％を超えると経営的に"問題あり"と判断できる。一般的に，食材費率の高い業態はファストフード，そば・うどん立ち食い店，ラーメン店等である。これらの業態は客席回転率を重視した低価格・省略化ビジネスで，売上げに占める人件費率が低い反面，食材費率が相対的に高くなる特性がある。一方，人件費率の高い業態はレストラン，大規模中華料理店，日本料理店等となる。熟練した調理人や店員が欠かせないため必然的に人件費率が高くなる反面，客単価が高いので食材費率が相対的に低下する特性がある。ＦＬ比率を最適化することでＦＬコストをいかに抑えるかが，外食店の経営では重要となる。

　とくに，生産年齢人口の減少などを背景に，労働環境が厳しいとのイメージを持たれがちな外食産業では，人材需給が逼迫し，深刻化する人手不足に対応することが大きな課題となっている。外食企業は，人件費の抑制を図りながら，従業員の定着と能力開発に対応していくことが必要となる。一部外食企業では「キャリアパス制度」や「社内ＦＣ制度」[7]の整備と充実，社内研修システム，各種資格取得の促進などを積極的に進めることで，従業員の採用と育成に効果を上げている事例もある。今後，こうした取り組みを産業全体に広げていくことが，人材確保・育成には必要となる。

6 外食企業の海外進出（海外事業展開）

　国内市場の成熟化，新興市場での所得（中間層）の急増や日本食ブームなどを背景として，2003年以降，わが国の外食企業が海外へと進出するケースが急増している。外食企業は，初期投資が少なく，いわゆる参入障壁が低い。それゆえ，個人経営店や零細企業でも海外市場を目指すことが可能であるのがその特徴である。古くは，1956年に日本の外食企業がアメリカへ進出したことが確

図6-3　外食企業の海外オペレーションシステム構築

（出所）　川端基夫『外食国際化のダイナミズム』新評論,
　　　　p 29，図序-2 を加筆・修正。

認できるが，その数が急速に拡大してきたのは2000年以降で，アジアを中心とした海外進出となっている。

　海外進出した外食企業の業績に注目すると，海外で1〜2店舗の運営（オペレーション）では利益を出しやすいが，海外で多店舗展開を目指す場合に重要となるのが，「食材調達システム」，「店舗開発システム」，そして「人材育成システム」からなるいわゆる"オペレーションシステム"をいかに現地（進出先国）で構築するかがポイントとなる(8)（図6-3）。このうち，立地選定や家賃決定，さらには店長の育成などを含む，「店舗開発」と「人材育成」については，とくに現地の文化や情報に精通した現地パートナーや関連企業の支援が重要となる。そして，こうした現地パートナー企業との連携手法として，フランチャイジング（国際フランチャイジング）により，加盟店（パートナー）と契約を結び，店舗設置や運営を行ってもらう形態が採用されている。(9)

　なお，外食企業による海外事業展開は，日本の食文化を端的に表現する「料理（メニュー）」を国際市場でそのマーケティングと適応化を図ることでもあり，今後の農産物，加工食品輸出などの道筋を切り開くものとして期待されている。

7　外食産業とフードビジネス

　成熟化した市場で，今後，外食企業が売上高を拡大・成長させるための対応（戦略）としては，①既存店売上高増加，②新規出店強化，③新規事業，の3つの領域に分けられ，おおむね図6-4のようにまとめられる。①については，客数増加や客単価向上を目指した，既存店投資による活性化と新たな業態を開発することによる独自性の発揮が必要となる。②については，国内における出店エリアの拡大，さらには海外展開を進めていくことが必要となる。そこでは，国内外ともにフランチャイズチェーンを活用した多店舗展開が重要となる。そ

図6-4　外食企業の事業拡大（売上拡大）に向けた方向性

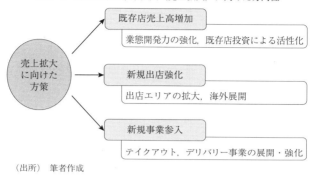

（出所）　筆者作成

して，③については，中食・内食の需要取り込みに向けた，さらなるテイクアウト・デリバリー事業の展開，が必要となる。そこでは，とくにデリバリー事業においては，調理工程などの見直し，ゴーストレストラン化[10]なども含めた対応が必要となる。

注
(1)　岩淵道生（1996）『外食産業論——外食産業の競争と成長』農林統計協会，35～38。
(2)　セントラルキッチンに対してカミサリー（Commissary）という用語がある。本来，カミサリーとは，"軍隊の物資配給所"の意味を持ち，流通センター（流通施設）が食材の購入・仕入れ，保管，配送を集中的に行うことを指す。なお，企業によっては，カミサリーがセントラルキッチンを指す場合もある。
(3)　多店舗化の方法としては，直営店によるものと，ＦＣ（フランチャイズ）によるものがある。
(4)　農林水産省総合食料局（2009）『外食産業に関する基本調査結果』農林水産省総合食料局。
(5)　ここでの食材在庫とは，「流通センター」などの自社在庫を意味する。
(6)　前掲(4)に同じ。
(7)　「キャリアパス制度」とは，従業員が将来の人生設計を行い，そのための目標を立て，目標達成のために必要なスキルと経験を積み重ねながら段階的に昇進していく人事制度で，従業員のモラル向上に効果があるとされる。「社会ＦＣ制度」は，従業員から，ＦＣ加盟店オーナーを募集する方法で，経営者意識の高い従業員を育成する人事制度である。

(8) 川端基夫（2016）『外食国際化のダイナミズム——新しい「越境のかたち」』新評論，28〜29。

(9) 国際フランチャイズには，①ダイレクト・フランチャイズ，②マスター・フランチャイズ，③サブ・フランチャイズ，のタイプがある。このうち，マスター・フランチャイズ（現地に本部の代替機能を有する現地本部を設立し，そこに運営権を与えて現地での出店と監督業務を行わせるタイプ）が基本的に選択される。前掲(8)，170〜173。

(10) 客席を持たない，デリバリー対応専門のレストラン。

（清野誠喜）

推薦図書

岩淵道生（1996）『外食産業論——外食産業の競争と成長』農林統計協会。

小田勝己（2004）『外食産業の経営展開と食材調達』農林統計協会。

川端基夫（2016）『外食国際化のダイナミズム——新しい「越境のかたち」』新評論。

練習問題

1．ＦＬコストとは何を意味するのか，またどのようなことに利用できるのか述べなさい。

2．あなたのまわりで，「寿司」を食べることができる様々な外食業態を考えてみよう。

<table>
<tr><td>第7章</td><td>流通構造の変化</td></tr>
</table>

《イントロダクション》

　　農畜水産物の流通構造は，貯蔵性の高い米などの穀物と貯蔵性の低い青果物，水産物，畜産物などの生鮮食料品とでは大きく異なる。生鮮食料品の流通は，生産物が消費者の手にわたる過程で卸売市場を経由する卸売市場流通（市場流通）と，卸売市場を経由しない卸売市場外流通（市場外流通）に大別できる。青果物と水産物については市場流通が主流であるが，市場外流通が増加傾向を示している。一方，日本人の主食であり，日本農業の基幹作物である米については，その生産・流通が国の市場政策の影響を大きく受けており，政策転換により，流通構造も大きく変化している。本章では青果物，水産物，畜産物と米を対象として食料品の流通構造とその変化についてみていくことにしたい。

キーワード：農畜水産物，流通構造，卸売市場流通，卸売市場外流通，
　　　　　　生活協同組合，農業協同組合，漁業協同組合

□1□ 市場流通と市場外流通

(1)　卸売市場の機能と仕組み

①　卸売市場の歴史と現状

　江戸時代には，青果や鮮魚を卸売する問屋が特定の地区に多数集積した市場が江戸や大坂の町に形成され，このような問屋制市場が明治・大正時代にも引き継がれた。しかし，そこでは取引が閉鎖的で価格形成も不透明であったこと，問屋だけでは冷蔵庫等の近代設備の整備が困難であったことなどから，1923（大正12）年に中央卸売市場法が制定され，都市において中央卸売市場の整備が進められた。中央卸売市場での取引はセリ（入札を含む）が原則とされ，取扱品目は当初，青果物と水産物のみであったが，1963（昭和38）年に食肉が追加された。その後，都市化の進展や産地の大型化，スーパーの台頭など小売業の

表 7 - 1　卸売市場の現状

（単位：市場，億円，業者）

	市場数	取扱金額	卸売業者数	仲卸業者数	売買参加者数
中央卸売市場	64	38,950	159	3,071	23,275
青果	49	19,813	68	1,279	10,732
水産物	34	15,059	55	1,646	3,462
食肉	10	2,744	10	59	1,818
地方卸売市場	1,037	31,566	1,231	2,847	99,919
青果	478	13,433	532		
水産物（消費地）	244	6,857	276		
水産物（産地）	313	7,125	326		
食肉	27	1,470	29		

注 1 ：中央卸売市場の市場数，卸売業者数は2018年度末，地方卸売市場の市場数及び他の業者数
　　　は2017年末，取扱金額はいずれも2017年度の数値である。
　　2 ：中央卸売市場と地方卸売市場の数値には花き，その他を含む。
（出所）　農林水産省「卸売市場データ集」（2019年）より筆者作成。

近代化が進んだことなどから，1971（昭和46）年に地方卸売市場も対象とする
卸売市場法が制定された。その結果，卸売市場は①開設が都道府県または人口
20万人以上の都市の地方公共団体にほぼ限られ，農林水産大臣の認可が必要で
ある中央卸売市場，②一定規模以上であれば都道府県知事の許可を得て民間業
者でも開設できる地方卸売市場，③許認可の必要のないその他の卸売市場（規
模未満市場）に分けられることになった。

　わが国における卸売市場の現状については表 7 - 1 のとおりであり，中央卸
売市場は地方卸売市場よりも市場数については大幅に少ないが，大規模な市場
が多く，取扱金額では地方卸売市場を上回っている。

②　卸売市場の機能と市場流通の動向

　卸売市場の機能には主に，ａ．多種多様な品目・品種を豊富に品揃えする集
荷機能，ｂ．多数の小売業者などへ迅速な分配を行う分荷機能，ｃ．需給を反
映した迅速かつ公正な価格形成を行う価格形成機能，ｄ．販売代金の迅速かつ
確実な決済を行う決済機能，ｅ．需給（需要と供給）に関わる様々な情報の収
集と伝達を行う情報収集伝達機能がある。

　生鮮食料品の中でも特に青果物と水産物は，ａ．品目・品種数が非常に多い
こと，ｂ．規格化が困難であること，ｃ．貯蔵性に乏しいこと，ｄ．多数の小
規模経営によって主に生産が担われていること，ｅ．多数の小売店を通じて販

売されていることなどを特徴としている。そのため，多種多様な品目・品種を集め，品質や需給実勢に合わせた価格を形成し，迅速に取引できる卸売市場によって流通の中核が担われており，市場流通を主体としている。

③　卸売市場における取引の仕組みと価格形成

図7‐1は卸売市場における取引の仕組みについてみたものである。卸売市場において実際に生鮮食料品の取引を行っているのは，卸売市場内に店舗を構えて営業している卸売業者と仲卸業者のほか，売買参加者である。卸売業者は出荷者から委託（受託）または買付によって集荷し，仲卸業者や売買参加者に販売する業者である。仲卸業者は卸売業者から買い受けた物品を仕分・調製して，小売業者などの買出人に販売する業者である。売買参加者は卸売市場内に店舗を構えていないが，開設者の承認を受けるなどして卸売業者から物品を直接買い受けることができる小売業者や大口需要者などである。

卸売市場では卸売業者と買い手である仲卸業者・売買参加者との間で取引がなされ，価格が形成される。取引の方法にはセリ取引と相対取引があるが，セリ取引は卸売業者が多数の買い手との間で価格を決める方法であり，通常は買い手のうち最高値を提示した者が購入（落札）できる。相対取引は卸売業者と特定の買い手が個別に交渉して価格を決める方法である。

卸売市場で営業している卸売業者は部門ごとに１〜数社と少数であり，委託集荷の場合，取引金額に定率（主に野菜8.5％，果実7.0％，水産物5.5％，食肉3.5％）を掛けた委託手数料を収入源としている。[1] そのことから，委託手数料をより多く獲得するために，できるだけ高値で仲卸業者や売買参加者に販売しようとする。これに対して，多数からなる仲卸業者や売買参加者は小売業者や消費者への販売競争に打ち勝つためには，同業他社よりも安値で販売する必要があることから，できるだけ安値で卸売業者から購入しようとする。このように，できるだけ高値で販売しようとする卸売業者とできるだけ安値で購入しようとする仲卸業者や売買参加者とが取引することによって，品質と需給実勢に合わせた公正な取引価格が実現する仕組みとなっている。

前述のとおり，かつて卸売市場ではセリ取引を原則としており，食肉については現在でもセリ取引の割合が高いが，青果物や水産物では相対取引の割合が

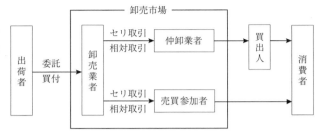

図7-1 卸売市場における取引の流れ

（出所） 農林水産省資料を参考に筆者作成。

徐々に高まり，1999年の卸売市場法の改定によってセリ原則が撤廃されたこととも相まって，中央卸売市場における2017年のセリ取引比率は青果物では10.0％，水産物では15.5％にまで低下している。相対取引の価格決定については透明性に欠けることが問題点として指摘されるものの，一般に需給実勢が反映されたものとなっている。また，市場外流通についても卸売市場の取引価格を指標として価格を決定している場合が少なくない。

　このように，卸売市場は生鮮食料品の流通や価格形成において重要な役割を果たしているが，2018年に卸売市場法が改定（2020年6月施行）され，大きな岐路に立たされている。卸売市場の取引規制が大幅に自由化されるとともに，国に認定されれば民間業者でも中央卸売市場を開設できるようになり，卸売市場の公共性が大きく問われることになったのである。

(2)　**市場外流通の増加とその要因**

　図7-2に示すとおり，青果物や水産物では市場流通が主流であるとはいえ，国内総流通量に占める卸売市場の経由率は低下傾向で推移しており，食肉も含めて市場外流通の割合が徐々に高くなってきている。

　市場外流通の典型的な事例としてよく知られているものに産直がある。産直の本格的な取り組みは高度経済成長期に農薬や化学肥料を多投した農業生産や環境破壊が進む中で，安全・安心な食料を求める消費者などが生活協同組合（生協）を設立し，生産者と直接取引を行った，いわゆる「産地直結」が始まりである。生協は消費生活協同組合法に基づいて，地域の消費者が相互扶助により暮らしの向上を目的として設立した協同組合であり，当時は共同購入が主

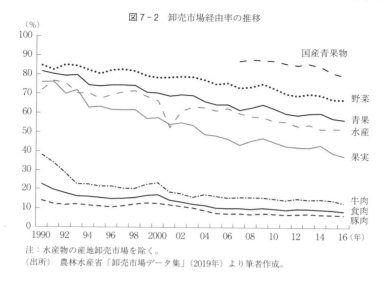

図7-2　卸売市場経由率の推移

注：水産物の産地卸売市場を除く。
（出所）　農林水産省「卸売市場データ集」（2019年）より筆者作成。

流であった。農業協同組合法に基づいて地域の農業者が設立した協同組合である農業協同組合（農協）も卸売市場への出荷・販売を基本としていたが，1968年に全国販売農業協同組合連合会（全販連）⁽²⁾が東京生鮮食品集配センター（現在の全農青果センター）を埼玉県戸田市に設立し，直販事業に乗り出して生協などとの取引を進めた。その後，各地の生協と農協をはじめとする生産者組織との産直が活発化し，スーパーなどの量販店も新鮮さや安全・安心，「中抜き」⁽³⁾による低価格を訴求した「産地直送」を始めるようになり，産直がブームとなった。さらに，近年では産地と加工業者や外食業者などとの直接取引，直売所やインターネットによる宅配など消費者への直接販売も増加している。

　このように，現在では多様な形態の市場外流通がみられるようになっているが，市場外流通が増加した最大の要因は輸入品の増加である。農林水産省『食料需給表』によると，わが国における2017年度の品目別自給率は，野菜79％，果実39％，牛肉36％，豚肉49％，鶏肉64％，鶏卵96％，牛乳・乳製品60％，魚介類52％，海藻類68％などとなっており，特に果実や牛肉，豚肉では国産品よりも輸入品の方が多く流通している。輸入品の多くを占める加工品は卸売市場の機能が不要なだけでなく，生鮮品や冷凍品についても規格が統一された一定

品質のものが大ロットで安定的に輸入されるため，卸売市場の機能を必要としない場合が多い。しかも，輸入の主な担い手である商社などが直接あるいは関連会社の流通業者を通じて実需者に販売しているため，その多くが市場外流通となっているのである。

② 生鮮食料品の流通

(1) 青果物の流通

　青果物の流通経路について示したものが図7‐3である。輸入青果物の大半は商社等を通じて実需者にわたる市場外流通であるが，国内で生産された青果物の約8割が依然として卸売市場へ出荷されている（図7‐2）。野菜や果樹の生産者は自ら直接あるいは任意の出荷グループを通じて卸売市場に出荷する場合もあるが，多くは農協あるいは生産者から集荷した農産物を消費地の卸売市場などに出荷する産地出荷業者に出荷する。農協は営農指導などの指導事業のほか，生産資材などを共同購入する購買事業や生産物を販売する販売事業などを行っているが，販売事業は主に共同販売（農協共販）であり，品目ごとに規格（等階級）を定め，価格や販売先を決めない無条件委託によって組合員である生産者から集荷する。これを卸売市場などへ出荷・販売し，その販売金額から手数料と運賃などの諸経費を差し引いて生産者に代金を支払う。その際，一定期間内の販売金額をプールし，等階級ごとに精算する共同計算（プール計算）を行っている。近年，農協の広域合併が進むとともに，出荷経費の削減などを目的として出荷先を大都市の大規模な卸売市場に集約化したり，大手スーパーや加工業者，外食業者へ販売したりする農協が増えつつある。

　また，主に1990年代以降，各地に農産物直売所が設置されるようになっているが，そこでは青果物の販売が中心になっている場合が多い。

(2) 水産物の流通

　水産物といっても魚類，貝類，海藻類など多様であり，同じ魚類でも鮮魚，活魚，養殖魚，冷凍・加工品，さらには魚種や同じ魚種でも漁法や大きさなどによって流通構造や価格形成が異なる。ここでは主に生鮮水産物の流通構造についてみていくことにしたい。

図 7-3　青果物の主な流通経路

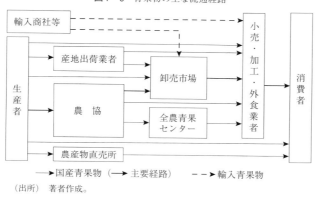

──▶国産青果物（──▶主要経路）　－－▶輸入青果物

（出所）　著者作成。

　水産物流通の特徴は，主に消費地において開設・運営されている青果物や食肉と同様の卸売市場とは別に，漁港に隣接して卸売市場が設置されており，これら２段階の卸売市場を経由する場合が多いことである。前者の卸売市場を消費地卸売市場，後者のそれを産地卸売市場と呼ぶ。産地卸売市場は漁業協同組合（漁協）が開設・運営し，卸売業者も漁協である場合が多い。漁協は水産業協同組合法に基づいて地域の漁業者によって設立された協同組合であり，販売事業や購買事業，信用事業などのほか，漁業権の管理を行っている。

　図 7-4 は水産物の主な流通経路を示したものであるが，一般的に生産者は水揚げした水産物を産地卸売市場の卸売業者に出荷する。卸売業者はこれを主にセリ取引または相対取引によって買受人に販売する。買受人には消費地卸売市場などへ出荷する産地出荷業者，地元の小売業者や外食業者などへ納入する卸売業者，直接セリに参加する小売業者や加工業者，外食業者などがいる。

　つぎに，消費地卸売市場の卸売業者は全国の産地出荷業者のほか，大手水産業者や養殖業者，輸入業者や場外問屋などから水産物を集荷する。それをセリ取引や相対取引によって仲卸業者や売買参加者へ販売し，さらに仲卸業者は小売業者や加工業者，外食業者などへ販売する。

　このように，国産の生鮮水産物は産地卸売市場と消費地卸売市場の両方を経由するものが多く，輸入水産物や冷凍水産物でも一部は消費地卸売市場を経由しているが，前掲図 7-1 のとおり消費地卸売市場の経由率は低下傾向で推移

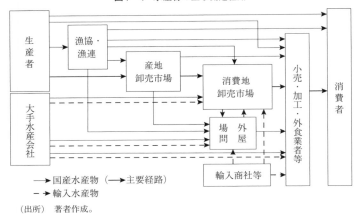

図7-4　水産物の主な流通経路

（出所）　著者作成。

しており，市場外流通の割合が高まりつつある。また，中央卸売市場における
セリ取引の比率も低下しており，8割以上が相対取引となっている。

(3) 畜産物の流通

同じ畜産物といっても食肉，鶏卵，牛乳・乳製品では流通構造や価格形成が
大きく異なる。ここでは食肉と鶏卵の流通についてみていくことにしたい。

① 食肉の流通

食肉の特徴は，生産者から消費者にわたる過程で商品の形態が大きく変化す
ることである。生産された肉畜や食鳥は生きたままでは最終消費に向けること
ができないため，流通過程でと畜（と鳥）・解体，部分肉仕分け，精肉加工な
どの加工処理が必要である。

肉牛や肉豚などの肉畜は生体でと畜場に出荷され，と畜・解体されて頭・四
肢・内臓・血液・皮などが除かれ，背骨に沿って縦に2分割されて半丸の枝肉
となる。つぎに，枝肉から骨を除去し，ヒレやロースなどの部位に分割され，
余分な脂肪を削って部分肉となる。さらに，部分肉は用途に応じてカットやス
ライスされて精肉となる。

国内産の牛肉・豚肉の流通経路は図7-5のとおりであるが，おおむね次の
3つに大別できる。第一に，食肉卸売市場に併設されたと畜場においてと畜・
解体後に，同市場において枝肉で取引され，食肉問屋や専門小売店（肉屋）な

図7-5 食肉（牛肉・豚肉）の主な流通経路

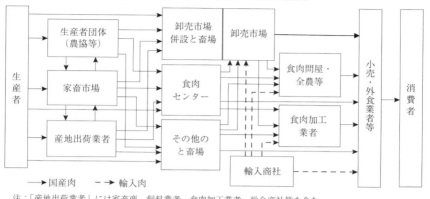

注：「産地出荷業者」には家畜商，飼料業者，食肉加工業者，総合商社等を含む。
（出所） 安部（2019）p. 95を参考に著者作成。

どへ供給されるルートである。第二に，食肉センターにおいてと畜・解体後に枝肉から部分肉に処理され，直接または農協連合会などを通じて量販店や生協，食肉加工業者などへ供給されるルートである。第三に，産地などのその他のと畜場においてと畜・解体され，食肉加工業者や食肉問屋を経て小売業者や外食業者などへ供給されるルートである。

　これらのうち最も流通量が多く，しかもそのシェアを高めているのが第二のルートである。食肉センターは1960年以降，産地における食肉処理の推進によって流通の合理化を図るため，国の助成により主に産地に設置されたと畜場であり，貯蔵保管や部分肉処理加工，食肉高度加工などの諸施設を併設している。2018年には全国に88カ所設置されており，その設置主体は地方公共団体，農協系統組織などの生産者団体，食肉業者の参加するものなどがあるが，全国のと畜頭数に占める割合は成牛で53.1%，豚では65.5%に及ぶ。これに対して，第一のルートである食肉卸売市場併設と畜場は全国に31カ所設置されており，全国のと畜頭数に占める割合は成牛で33.8%，豚で19.0%である。輸入肉を含めた卸売市場経由率は2016年度には牛肉で12.9%，豚肉では6.6%にすぎないが，中央卸売市場におけるセリ取引の比率は8割以上と高く，そこでの枝肉取引価格が建値を形成しており，食肉センターでも卸売市場の価格を参考にした取引が行われている。

なお，牛肉と豚肉については公益社団法人日本食肉格付協会が「牛枝肉取引規格」及び「豚枝肉取引規格」に基づいて，全国の食肉卸売市場及び食肉センターにおいて１頭ずつ枝肉の格付けを実施しており，適正な価格の形成や生産，流通の合理化に重要な役割を果たしている[6]。

　これに対して，鶏肉については卸売市場での取扱いがなく，農協系統組織（農協系）や総合商社・食鳥問屋（商系）などの関連会社である食鳥処理加工業者を中核として生産から加工・流通までのインテグレーション（垂直的統合）が進んでいる。食鳥処理加工業者は直営または生産者と契約して生鳥を集荷しているが，契約生産の場合，年間計画に基づいて生産者に契約価格でひなや配合飼料など必要な生産資材を供給し，生産者から契約価格で生鳥を買い上げている。これをと鳥・解体したと体または部分肉処理を行った部分肉として主に荷受業者（卸売業者，食鳥問屋）や大手スーパー，加工業者，外食業者などの大口需要者へ販売している。

　②　鶏卵の流通

　鶏卵についても鶏肉と同様，青果物や水産物のような天候や季節による品質や生産量の大きな変化がないため，卸売市場での取扱いがなく，現物を前にしたセリ取引や相対取引は行われておらず，各地の荷受業者が日々発表する鶏卵相場を指標として取引価格が決定されている。荷受業者には農協系統組織の関連会社（農協系）と民間の鶏卵荷受会社（商系）があり，各社があらかじめ出荷者と鶏卵問屋の情報を入手したうえで，前日の売れ行き，在庫の有無，当日の入荷状況，消費者の購買状況及び荷動き，天候要因などから需給バランスを勘案して販売価格を決定し，土・日曜日，お盆，年末年始を除く毎日午前９時に一斉に発表する。この相場に基づいて実際の様々な鶏卵の取引が行われているのである。なお，鶏卵価格は農林水産省によって定められた鶏卵取引規格に沿って，LL〜SS までの６サイズに分けて発表されている[7]。

　ところで，鶏卵の物流については鶏卵の洗浄，検卵（血卵，ひび卵，汚卵等の除去），計量，殺菌，選別，包装（パック詰めや箱詰め）のほか，割卵や凍結液卵の製造，冷蔵保管などを行う GP（Grading & Packaging）センター（鶏卵格付包装施設）が重要な役割を果たしている。近年では採卵養鶏の大規模化により，GP

センターを併設する生産者が増えつつあるが，多くの生産者は鶏卵を荷受業者や農協系統組織，鶏卵問屋の GP センターに出荷し，そこから小売業者や加工業者，外食業者等へ納入される。

③ 米の流通

(1) 食糧管理法下の米流通

明治・大正時代の米市場では自由取引が行われていたが，1918（大正 7 ）年の米騒動を契機に，政府は米価の安定を図る必要性に迫られ，1921（大正10）年に米穀法を制定し，必要な時に米の買入れ・売渡しを行うことができるようにした。その後も米市場への介入を強め，集荷・配給統制が進められた。

第 2 次世界大戦下の食料不足を背景として，1942（昭和17）年に食糧管理法（食管法）が制定され，米市場の国家管理が徹底された。生産者は自家用を除き，生産した米の全量を政府に売り渡さなければならず，政府は一定価格で米を買い上げ，政府の指定した流通ルートと価格で消費者に売り渡した。また，輸入米についても政府が一元的な買入れ・売渡しによって管理した。

高度経済成長期に入っても食管法による米流通の統制は維持されたが，不足する食糧を国民に公平に配分することよりも生産者保護の役割が大きくなった。そのため，政府が1960（昭和35）年に生産費・所得補償方式を導入して政府買入価格を高めに設定した結果，生産者による米の生産意欲が刺激された。その一方で，食生活の多様化により，1963（昭和38）年以降には米の消費量が減少に転じたことから，1960年代後半には過剰基調となり，1970（昭和45）年には米の生産調整（いわゆる減反）政策が開始された。

また，米の需給が緩和する中で，消費者の良食味米への要求が高まり，「自由米」「闇米」と呼ばれる違法な不正規流通米が増加した。そこで，1969（昭和44）年に政府米の他に，政府を通さずに流通させる自主流通米制度が創設された。自主流通米の流通量は年々増加し，1980年代後半には政府米を上回るようになり，80年代末には米流通の大部分を占めるまでになった。自主流通米の価格は当初，全農と卸売業者の団体との交渉による相対取引によって決定されていたが，価格形成の透明性・公平性に欠け，需給動向や品質評価を十分反映

図 7 - 6　米の主な流通経路

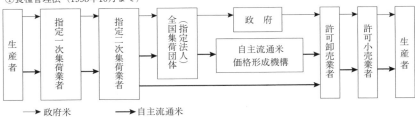

①食糧管理法（1995年10月まで）

──▶ 政府米　　　━━▶ 自主流通米

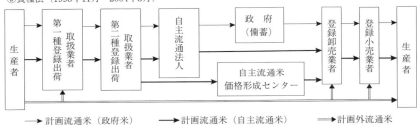

②食糧法（1995年11月〜2004年3月）

──▶ 計画流通米（政府米）　　━━▶ 計画流通米（自主流通米）　　══▶ 計画外流通米

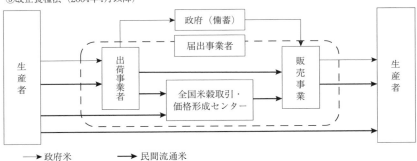

③改正食糧法（2004年4月以降）

──▶ 政府米　　　━━▶ 民間流通米

（出所）　農林水産省資料を参考に著者作成。

した価格が形成されていないといった問題点が指摘されるようになり，1990
（平成2）年に自主流通米価格形成機構が創設され，入札取引により指標価格が
決定されるようになった（図7-6の①を参照）。

　さらに，1972（昭和47）年の物価統制令の適用廃止によって小売価格が自由
化されるとともに，1981（昭和56）年の食管法改定などによって卸売業者や小
売業者の仕入・販売に対する規制が緩和されたが，参入規制などの流通規制の

さらなる緩和が卸売業者，スーパー，商社などから要請されるようになった。

　このような中で，1993（平成 5）年の大凶作（作況指数74）による「平成の米騒動」と同年のガット・ウルグアイ・ラウンド農業合意によるミニマム・アクセスの受入決定を契機として，1995年に食管法が廃止され，主要食糧の需給及び価格の安定に関する法律（食糧法）が施行された。

(2)　食糧法と米流通の自由化

　食管法の廃止によって政府による米の直接的な管理はなくなり，食糧法では政府の役割は不作などに備えて買い入れた政府米の備蓄とミニマム・アクセス米の運用のみにほぼ限定された。また，計画流通制度が導入され，米の流通規制が大幅に緩和された。計画流通制度においては，民間流通である自主流通米と備蓄用の政府米を計画流通米として政府が管理するとともに，食管法の下では違法な不正規流通米であった生産者による直接販売についても計画外流通米として認められることになった。さらに，単位農協による卸売業者や小売業者への販売が可能になるとともに，卸売業者や小売業者の参入規制が大幅に緩和され，これらの業者間取引も自由化されて流通の多様化が図られた。

　食糧法下の米流通システムは図7-6の②のとおりである。自主流通法人は国の指定により，自主流通米の流通計画の作成と実践を行う法人であり，食管法下の全国集荷団体と同様に，全農と全国主食集荷協同組合連合会（全集連）が指定を受けていた。米を集荷する登録出荷取扱業者及び販売する卸売業者，小売業者は登録制がとられ，登録出荷取扱業者は食管法下の指定集荷業者と同様に，主に農協と経済連・全農県本部が担っていた。価格形成については自主流通米価格形成センターにおいて入札取引が継続された。

　しかし，食糧法は米過剰対策などが不十分であったこと，大手の卸売業者やスーパー，実需者の主導権が強まったことなどから，米市場は大きく混乱するとともに，多様化する消費者ニーズに十分に対応できなかったため，2004年に改正食糧法が施行された。これによって計画流通制度が廃止され，政府により備蓄米として売買される政府米とその他の民間流通米の区分のみとなるとともに，流通面・価格面とも規制がほぼ全廃された。図7-6の③のとおり，これまで販売先が特定されていた自主流通米についても流通ルートの制約がなく

なった。また，流通段階別の登録制を廃止し，出荷業者・卸売業者・小売業者を区分せず，年間20 t 以上の米の流通を行う者は届出をすればよいこととなり，流通業者の参入は原則的に自由となった。価格形成については改称された全国米穀取引・価格形成センターにおいて入札取引が続けられたが，計画流通制度の廃止に伴う流通多様化の進展などによって相対取引を重視する動きが強まり，同センターは2011年に廃止され，その後は相対取引のみとなっている。

［ 4 ］ 農畜水産物流通の課題と展望

　農畜水産物は私たちの生命と健康の維持に不可欠であり，社会の安定にとって最も重要な商品であるため，大正時代の後半以降，法律によって米の流通や生鮮食料品の卸売市場での取引が規制されてきた。しかし，高度経済成長期以降におけるスーパーなどの大規模小売業者や加工業者，外食業者の取扱増大，産地の大型化や輸入品の増大など，需給構造が変化する中で流通構造や取引形態も大きく変容し，それを後追いするような形で規制緩和が進められた。その結果，流通業者の競争がさらに激化し，小規模業者の淘汰が進む一方で，大規模業者の取扱シェアが高まっている。とくにチェーン展開を図る大規模な小売業者などは定時・定量・定価格・定品質（いわゆる「4定」）での納品に対する要求を強めており，これに対応できない卸・仲卸業者や産地・生産者は生き残りが困難な状況となりつつある。

　フードビジネスの大型化が進む中で，4定への要求は今後ますます強まることが予想される。またその一方で，個店仕入れなどによって地産地消を進めたり，地域特産品などの販売やそれを用いた商品・メニューを開発したりすることによって，差別化や高付加価値化を図る動きも強まるものとみられる。産地では生産の担い手不足と高齢化が進んでいることから，流通業者にはこのような産地の実情を踏まえ，農協・漁協や生産者との連携を強めるなどして，消費者や実需者の多様なニーズに対応した農畜水産物の供給を実現することがこれまで以上に求められることになるであろう。

注

⑴　買付集荷の場合は売買差益が卸売業者の収入となる。

⑵　全販連は1972年に全国購買農業協同組合連合会（全購連）と合併し，全国農業協同組合連合会（全農）となった。

⑶　流通過程で卸売業者などの中間業者を抜かして取引すること。

⑷　農協の組織全体のこと。農協の組織は地域の農協（単位農協）と経済農業協同組合連合会（経済連）など都道府県単位の連合会（農協連合会），全農など全国単位の連合会から構成される。ただし，農協の広域合併が進み，近年では都道府県単位の連合会の多くは全国単位の連合会に吸収合併されるなどして２段階となっており，経済連は全農県本部となっている場合が多い。

⑸　生産者等が卸売業者に対して設定する販売価格であり，取引価格の基準となるものである。

⑹　農林水産省の指示により食肉流通合理化の一環として，1962年に食肉中央卸売市場で枝肉の格付が行われ，その後，地方卸売市場や食肉センターなどでも実施されるようになった。

⑺　農畜産業振興事業団企画情報部情報第一課（2001）「統計解説：鶏卵の卸売価格について」『畜産の情報』2001年10月号及びJA全農たまご（株）webサイト（http://www.jz-tamago.co.jp/e04.php　2020年4月13日閲覧）による。

⑻　わが国は1995年以降，米の市場開放（関税化）をしない代わりに，国内消費量の４％（１年目）〜８％（５年目）を輸入することで合意した。

（内藤重之）

推薦図書

日本農業市場学会編（2019）『農産物・食品の市場と流通』筑波書房。

藤田武弘・内藤重之・細野賢治・岸上光克編著（2018）『現代の食料・農業・農村を考える』ミネルヴァ書房。

佐野雅昭（2015）『日本人が知らない漁業の大問題』新潮社。

練習問題

１．青果物や水産物の流通において市場外流通の割合が高まっている要因について述べなさい。

２．卸売市場においてセリ取引（入札を含む）の割合が低下し，相対取引の割合が高まっているが，それによる問題点について考えてみよう。

第8章	食品マーケティング

《イントロダクション》

　　マーケティングは，企業が自社の商品を販売するという狭い概念ではない。近代マネジメントの父と言われているドラッカーは「マーケティングの理想は，販売（selling）を不要にすることである。マーケティングが目指すものは，顧客を理解し，製品とサービスを顧客に合わせ，おのずから売れるようにすることである」と述べている。これはマーケティングの究極の目標になるであろう。皆さんには，農業や食品産業にかかわる経営者になったつもりで，マーケティングの基礎的な考え方と手順（図8-1）を学んでいただきたい。

　　キーワード：マーケティング環境，STP，4P，ブランド，マーケティング倫理

1 マーケティング・コンセプトとマーケティング環境

　　マーケティング・コンセプトを簡単に説明すると次のようになる。マーケティング環境を踏まえて標的市場を決定し，顧客や社会のニーズを踏まえるとともに自社や地域の強み（資源）を活用して自社の商品やサービスを開発すること，それを顧客に自社商品等を認知，選択していただき，満足してもらうこと，顧客との継続的な関係性を築いて継続的に自社商品等を選択してもらうこと，これらの対価として正当な利益を得てビジネスとして成立させること等を統合的かつ整合的に実施することである。論者によってマーケティングの定義（文言）は異なるが，日本マーケティング協会の定義（1990年）でみると，「マーケティングとは，企業および他の組織がグローバルな視野に立ち，顧客との相互理解を得ながら，公正な競争を通じて行う市場創造のための総合的活動である」としている。この定義は，注釈も重要である。「他の組織」には，「教育・医療・行政などの機関，団体などを含む」とあり，マーケティングは

営利企業だけでなく非営利団体にまで拡張されていることが分かる。「グローバルな視野」は，「国内外の社会，文化，自然環境の重視」の意味であり，単なる商品やサービスの提供にとどまらない。「顧客」には，「一般消費者，取引先，関係する機関・個人，および地域住民を含む」とし，単なる販売先だけが顧客ではない。「総合的活動」には，「組織内外に向けて統合・調整されたリサーチ・製品・価格・プロモーション・流通，および顧客・環境関係などに係わる諸活動をいう」としており，マーケティング・リサーチや4P（後述）等が説明されている。

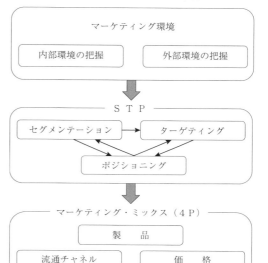

図8-1　マーケティングの手順

（出所）　筆者作成

　このように説明されているマーケティングであるが，長期的にみるとそのコンセプトは，マーケティング環境，特に世の中の消費の趨勢によって変化する。例えば，米国マーケティング協会（AMA）の定義は，「Marketing is the activity, set of institutions, and processes for creating, communicating, delivering, and exchanging offerings that have value for customers, clients, partners, and society at large.」であり，顧客のみならず社会全体の価値の創造が強調されている。この定義は，これまでに3回の変更を経ている。変更された背景として，モノ不足から大量生産大量消費の時代には製品中心の考え方が主流であったが，世の中に商品があふれてきた時代には顧客志向により人々の生活が豊かになり，ほとんどの商品がコモディティ化してきた時代には心の

豊かさを実現できる価値や社会的価値が重視されるようになってきたという経緯がある。

このように，マーケティングは時代とともに変遷してきているが，マーケティング環境は世の中の消費の趨勢という大きな流れだけではなく，それぞれの産業部門の成熟度や競争構造によっても異なる。食品産業が自動車産業と同様のマーケティングを実施しても同様の成果は望めないことや，寡占的な市場と競争的な市場では企業行動が異なることは容易に想像できるであろう。そのため，マーケティング戦略を立案，実施するに際しては，まずマーケティング環境を把握することが重要である。

食品の中には，一次産品やその加工品が含まれる。マーケティングを実施する主体としては，農業や漁業の経営体（六次産業化に取り組む事業体を含む），直売所，生産者組合，卸売企業，食品加工企業，外食企業，小売企業等，多岐にわたる。さらに，例えば食品加工企業をみると，大手から中小まで様々な規模の企業体が存立し，小麦粉や糖類などを製造して主に他の企業に供給している業種，パンや納豆，冷凍食品，乳製品，総菜などの主に消費者向けの商品を供給している業種など多様に存在している。それぞれの業種によってマーケティング環境が異なり，これらを一括りで語ることは難しい。ここでは主に農業経営体（六次産業化に取り組む事業体を含む）を軸にマーケティングの基本的な考え方を理解して，第9章の農業のビジネス化につなげていただきたい。

マーケティング環境は，内部環境と外部環境に分けられ，外部環境はさらにミクロ環境とマクロ環境に分けられる。内部環境は企業内部の要因であり，農業経営体でいえば，土地，労働力，資本，技術や生産できる農産物の水準などである。自己を知ることは非常に重要であり，できるだけ客観的に把握する。例えば，自社のメロンの特徴を把握する場合に，自社と競合産地の商品を小売店で入手し，比較検討して相対的に把握する。これは，次のミクロ環境の競争構造に関連し，後述するポジショニングの基礎データになる。ミクロ環境としては，資材や施設の供給業者や金融機関，競合他社及び産業構造，想定販売先，消費者の状況や動向などである。近年では，インターネット上のコミュニティの動向も収集対象になる。顧客，特に消費者に関連することについては第2章

コラム▶食品の特徴と農業の制約

　食品は，人間が食するものであり，食品ロスを一定とすると消費できる量は限られる。基本的に人口が増加しないと全体のパイ（需要）は大きくならないことから，供給過剰に陥りやすい。また，市中に出回っている食品は一定の安全性や味，栄養機能等をクリアしているものであり，そこから競合他社の商品との差別化が必要であるが，明確な差異を設けることはなかなか難しい。加えて，特徴のある商品が開発されたとしても，高度な技術的背景がない場合が多く，ヒット商品になると模倣されやすい。なお，食品企業は，消費者に自社商品と他社商品の小さな差異（食品として持つべき重要な要素について一定の水準を満たしたものの上に積み上げられた価値）を自社が企図する明確なイメージとして認知されるようにプロモーションに注力している。市場構造は，大企業数社と多くの中小企業で構成されている業種が多い。しかし，細かく業種を区分してみると，競争構造は多様である。例えば，同じ大豆を原料としているが，納豆市場は寡占的であり，豆腐市場は競争的である。当然のことであるが，自社の事業領域の競争構造をよく精査する必要がある。

　農産物は，食品としての特徴も併せもつが，さらにマーケティング上，多くの制約がある。生産に季節性があり，一年を通じての供給が難しい。青果物では年や月，日，いずれのタームでも生産量が安定しない。同じ生産者が同じように生産しても，出荷時期がずれることが多く，品質は時期や年によって異なる場合が多い。例えば，ワインのビンテージ（ワインが作られた年のこと）が話題になるのは，主には原料ブドウの収穫年によりワインに品質格差があるためである。また，他の食品にもみられるが，保存が難しいものが多い。例えば，夏場のキュウリは毎日3回の収穫が必要であり，レタスは収穫適期が数日程度で，圃場に植えたままでも在庫とするのは難しい。収穫後は保存状態にもよるが，消費期限は収穫して1週間程度で，販売期間は実質1〜2日である。そのため，通常でも需給調整を難しくしているが，自然災害の影響を受けやすく，突発的に生産量が大きく変動する。需要の価格弾力性が小さいのに供給が不安定なために，価格変動が大きくなりやすい。さらに，流通途上でカットや小分け，及びパッケージングが行われるなど，商品形態が変更されるため，流通の川下への情報伝達や顧客とのコミュニケーションは容易ではない。農産物のマーケティングは，なかなかに厄介である。第10章に関連するが，農業生産・流通のスマート化によってこれらの課題の緩和が期待されている。

から第4章に詳しく述べている。消費者をニーズに応じて部分市場として捉えることについては，後のセグメンテーションのところで述べる。また，食品産業の産業構造等については第5章から第7章をマーケティング環境の把握という視点で読み返していただきたい。マクロ環境は，人口動態や経済状況，政治及び法制度，社会，文化，技術動向などである。これらの分類は整理のためであり，実務的には視点や状況に応じて変更すればよい。例えば，農業経営体にとっては，農業協同組合や土地利用組織は外部環境であるが，これらは中間的な組織(6)であり，視点を産地レベルにおくと産地の内部環境としてみることもできる。また，自社がコントロール可能かどうかを短中長期で区分してみる視点，自社への影響が直接か間接か，大きいか小さいかでみる視点などもある。マーケティング環境は多岐にわたるため，まずは，3Cと呼ばれている自社の内部環境とミクロ環境の顧客，競合他社をよく分析しておく。自社の競争環境を分かりやすく表現するツールの1つに，自社の強みと弱み，ミクロ環境の機会と脅威を表示するSWOT分析があり，よく使われている。加えて，農業経営体にとっては制度や規制，補助金などの法制度や最新の技術動向は重要である。いずれにしても，マーケティング環境はマーケティング・マネジメントの基礎資料になるため常にアップデートしておく必要がある。

2 ターゲットを定める

　マーケティング環境の把握と密接に関係するのが，マーケティング目標の設定やセグメンテーション，ポジショニングである。マーケティング目標，もしくは事業目標とは，事業ドメインにおける成果の目標のことである。社是や地域ビジョンなどの上位目標の下でマーケティング環境を踏まえて決定し，STPや4P，ブランド化につなげる。なお，事業ドメインとは，企業が活動する基本的な事業の領域のことである。自らの事業領域を明確化することで，どことどのように競争するかが明らかになり，必要な資源を集中して投入することができる。さて，マーケティング・マネジメントの基本的な手順はSTPから4P，そしてブランド化である。これらは，マーケティング目標を実現するために実施される。STPとは，セグメンテーション（Segmentation），ターゲティ

ング（Targeting），ポジショニング（Positioning）の頭文字をとったものであり，
4Pとは，企業が操作可能なマーケティング・ミックスを構成する製品
（Product），流通チャネル（Place），価格（Price），プロモーション（Promotion）
の頭文字の4つのPのことである。

　まず企業は，ミクロ環境を把握する中で，市場を階層や用途等の部分市場
（セグメント）に分割して，その中でいくつかのセグメントに属する顧客を自社
の商品等のターゲット（標的市場）として定める。そして，その標的市場に対
して，自社と競合他社のブランドや商品等の位置づけを明確にしたうえで，自
社商品が優位なポジションを占められるように4Pを実施し，その中で自社ブ
ランドを確立していく。農業や六次産業化でよくみられることであるが，STP
の段階を経ないで4P，特に製品開発を先行させると，マーケティング・マネ
ジメントで操作可能な手段や範囲がかなり限定されるため顧客ニーズに合わせ
ることが難しくなる。

　STPのセグメンテーションは市場細分化ともいわれ，市場を同質的な部分
市場（セグメント）に分割することである。マーケティング・マネジメントに
おいて市場をセグメントに分割する意味は，顧客は多様であり一般にすべての
顧客を満足させることはできないという考え方に基づいている。もちろん，モ
ノ不足の時代には，顧客の平均的ニーズを捉えて，市場全体を対象にした商品
を大量生産して大衆に販売する方針が効率的であった。しかし，モノ的に充足
されると，顧客のニーズは多様化してくる。一企業の経営資源には制約があり，
質的量的に全てのニーズに対応することは難しい。ほとんどの商品は購入する
顧客層が限られており，それらの顧客層に支持されるように経営資源を集中す
る方が効率的かつ効果的である。

　消費者をセグメントに分割するときの基準は，性別や年齢，家族構成，職業，
所得，学歴，居住地域，出身地域，消費行動，嗜好，価値観，ライフスタイル
等である。分割した部分市場の規模は，自社の生産能力や競争構造に応じて設
定する。用いるデータは，人口分布や消費行動に関する各種統計，消費行動や
態度に関する調査報告書，POSデータやネット通販などの販売情報，イン
ターネット上のコミュニティの情報，マーケティング・リサーチ手法を用いた

調査などである。農産物のように，保存に脆弱性があり，一経営当たりの生産量が少ない商品では，地域の範囲を限定し，さらにその中の部分市場をターゲットにすることも検討する。例えば，近隣市町村の範囲で，子育て中で親世代以上がすべて有職である世帯や，健康志向が強く化学農薬にやや忌避感がある観光客などである。また，特殊なニーズを満たす商品で，顧客が広範囲に点的に存在している場合には，SNSやネット通販などを窓口にして，インターネット上にコミュニティを形成し，そのコミュニティを1つのセグメントとして設定することもありうる。限られた経営資源をいくつかのセグメントに集中させることで，顧客との密接なコミュニケーションが可能になり，そのセグメントでのトップブランドを目指すことも目標の1つになる。このように，市場を細分化し標的市場を明確にすることで，より顧客価値を実現できる可能性が高くなる。なお，各セグメントについても，競合他社との競争構造や自社と競合他社のブランド，商品等のポジションは明確にしておく。

　セグメンテーションでほぼ説明したがターゲティングとは，自社の商品等の標的市場を定めることであり，標的市場の顧客ニーズを満たせる商品等の開発につなげる。通常は，標的市場が設定されていなければ，マーケティング戦略を策定することは難しい。事業領域の策定と標的市場の策定は，経営の重要な意思決定であり，自社の強みと弱み，市場規模や競争構造などを勘案して決定する。

　ポジショニングとは，現在及び将来の市場におけるブランドや商品等の位置づけである。標的市場の顧客（ターゲット顧客層）の選択対象になっているブランドや商品等を顧客のイメージとして，二次元または三次元上のマップ（商品空間）として再現し競争関係を把握することが一般的である。その中で戦略的なポジションを見つけて，そのポジションを占めることをその後の4Pの目標として設定する。戦略的に新たな軸を設定し，顧客を創造することもありうる。新たな軸を設定して成功した代表例は，アサヒビール社の「キレ」と「コク」であり，ビール業界のシェアを大きく変化させた。ポジショニングのマップを描くことにより，自社と競合他社のブランドや商品等の位置づけを把握し，開発すべき理想的なポジション（競合商品より価値がある商品コンセプト）や空白域

のユニークなポジション（競合商品と比べて特異な商品コンセプト）を見つける。通常は，マップ上で再現する軸は，各機能や価格帯といった客観的指標と，顧客からみた当該商品に係るイメージやニーズなどの主観的指標を用いる。後者はアンケートや製品テストなどで把握する。戦略的に新たな軸を設定する場合は，競合他社にない機能を自社商品に持たせて，ターゲット顧客層に対して積極的なプロモーションを行っていく必要がある。ポジショニングの究極の目標は，企業が企図したとおりに，顧客の頭の中に価値があり，かつユニークなポジションやイメージを築いて，顧客に自社商品を継続的に選択してもらうことであり，マーケティング・マネジメントの焦点となる。なお，セグメントごとに商品空間が異なる可能性があるため，ポジショニングとセグメンテーションは重層的に実施する。

［3］ マーケティング・ミックス[(7)]

　マーケティング・ミックスとして実施する主要な要素が4P［Product（製品），Place（流通チャネル），Price（価格），Promotion（プロモーション）］とブランド化であり，商品やサービスの開発，流通チャネルの開発，価格の設定，顧客とのコミュニケーション，ブランドの確立である。顧客側からみると，製品（商品）はニーズをみたし満足することや問題を解決するためのツール，流通チャネルは商品やサービスを入手するための利便性，価格はコストとして捉えることができる。なお，プロモーションは企業から顧客への一方向的な情報伝達のイメージがあるため，双方向の意味を込めてコミュニケーションと表現されることが多い。近年では，顧客とのコミュニケーションによって新たな価値を創造する価値共創という概念も生まれている。STPで設定したターゲット顧客層と目標にしたポジションに向けて，4Pやブランド化を整合的に実施していく。製品開発が先行することが多いが，前後しながら流通チャネル開発，価格設定，コミュニケーションを整合的に実施する。マーケティング・ミックスでは，整合的（その深度によっては統合的）という言葉が繰り返し使われるが，これはマーケティング・マネジメントの中心的概念である。STP及びその下で実施される4Pやブランド化が整合しないと，顧客のもつ自社ブランドや商

品等に対するイメージがちぐはぐになり，企図したポジションを実現すること
が難しくなる。STPと4Pを整合的に実行することで，自社ブランドや商品
等に対する顧客の認知度や理解度を高め，購買行動につなげるとともに，さら
なるコミュニケーションによって顧客満足度を高めて，再購買行動や潜在的顧
客への推奨行動（好意的な口コミやSNS上の書き込みなど）を促す。このような
プロセスを繰り返し実施しブランドを確立するとともに，自社へのロイヤル
ティを高めて持続的に経営を行うことがマーケティング・マネジメントの本質
である。

　4Pのうち製品であるが，消費者が使用することによって得られる価値を生
み出す実体である。安全性及び美味しさや栄養素などの食品としての中心的な
価値と，スタイル，パッケージ，ブランド，栄養・機能性表示などの諸属性に
加えて，サービスや品質保証，認証などによって構成される。中心的な価値に
ついての試作と評価，改良を繰り返し実施し，その他の要素を含めてターゲッ
ト顧客層と目標にしたポジションに向けて整合的に開発していく。製品開発の
柱の1つは製品差別化である。加工食品では製品差別化に成功してブランドと
して確立している商品がみられるが，一般に競合商品との差異は大きくない。
技術的背景が無いとすぐに模倣されるため，プロモーションによってその小さ
な差異を強調するとともに商品イメージや物語性を付与する。食品産業は競争
が激しいこともあり，プロモーションに関する費用（広告宣伝費）は相対的に
大きくなっている。さて，農産物ブランドにおいては，広く認知されているブ
ランドは一部に限られる。製品差別化が成功して顧客に認知され選好されてい
るブランドもみられるが，立地条件，独自品種・技術，認証制度等に基づかな
いとその効果の持続は困難である。また，通常の生産において商品の品質がば
らつくことから，生産者間の品質の均一化の取り組みや，選別による等階級分
けが行われている。加えて，コールドチェーン化や朝採り販売など流通チャネ
ルを通じた差別化，加熱用など特定用途に特化した消費者の使用場面を捉えた
差別化，作り手のこだわりや地域資源との関わりなどの物語性を付与した差別
化などの方策が採られている。

　次に流通チャネルは，商品を顧客に届けるまでの諸活動を担う流通過程の連

鎖であり，商流，物流，情報流を内包する。商流は取引や金融の流れ，物流は商品の流れ，情報流は商品の取引情報や付帯情報，トレーサビリティに関する情報，顧客とのコミュニケーションに関する情報などの情報伝達の流れである。4 P の Place は，直訳すると場所のことであるが，単純にいえば，ターゲット顧客層に効率的に届けるためにはどのような流通チャネルが適しているか，自社商品のコンセプトに合致し，かつ，目標にしたポジションを実現するためにはどのような販売チャネル（場所）で販売することが適切かを設計または選択し，管理することである。これらは，直接的に管理しているか間接的かにかかわらず，自社商品が，最終顧客に届くまでのフードチェーン全体で考える必要がある。複数の流通チャネルの活用や多段階の流通チャネルでは，各流通チャネル間やチャネル・メンバー間のコンフリクトの調整も重要になる。さらに，食品としての安全性の確保や環境保全などの社会的な観点では，自社が調達する原料に関する生産・流通や，自社商品を最終的に消費した後の廃棄及び最終処分されるまでの流通（静脈流通）を含めて統合的に，かつ整合的に設計し，管理することが求められる。フードチェーン全体としてマネジメントすることによって，サプライチェーンとしての物流の効率性を追求できるとともに，物語性や社会性などの価値を付加し伝達することが可能になる。付加した価値が，顧客に受容されれば，フードチェーンとして競争力を持つことになる。バリューチェーンの考え方から，特定の顧客ニーズへの対応や流通チャネル全体での価値の創造のために，取引先との戦略的な連携や資本関係のある提携に発展する場合もある。

　価格は，基本的に顧客価値及び競合商品の価格水準と，製造や取引に必要なコスト＋利益との関係で設定されるが，目標にしたポジション，商品コンセプトや流通チャネルとの整合性を担保しなければならない。一般に最寄品である食品は，価格に対する需要弾力性が小さく，競合する商品が多数存在するため，価格設定の幅は大きくない。しかしながら，実際にブランドによって価格差が存在し，それが利益率に大きく影響している。他の4 P 戦略とともにブランドを確立して，提供する価値に見合った適切な価格設定ができるようにすることが重要である。農産物の場合は，需要と供給の関係で価格が形成されてきたが，

近年では直売や契約型取引などが増加し，コストや競合商品の価格水準を基準にして設定されることが多くなっている。

　最後にプロモーションは，需要を喚起するための情報提供であり，顧客との関係性を構築するためのコミュニケーション活動である。食品産業においては，他産業よりも相対的に高い広告宣伝費が使われており，商品コンセプトが顧客に認知されるように，TVコマーシャルやテレビ番組，小売店頭での人的販売や販売促進が盛んに行われている。その他，マスコミに取り上げられるパブリシティに加えて，WebサイトやSNS等を通じたコミュニケーションが行われており，インターネットメディアの重要性が増している。農産物においては，キウイフルーツのゼスプリ社のように一部の企業では食品産業にみられるプロモーションが行われているが，一般的には低調である。目標にしたポジションが獲得できるように，ターゲット顧客層とのコミュニケーションによるブランド形成が必要である。

④ ブランド形成とフードビジネス

　ブランドとは，自社商品を競合商品から識別するために付けた名称や図形（その組み合わせ）であるが，識別する手段に，顧客の頭の中に信頼や独自の意味・イメージが加わり，ブランドとして機能する。近年では，ブランドは4Pと並んで，もしくはそれ以上に重要なマーケティング要素であると認識されている。生産者が自社ブランドに自信があり，価値があると感じていても，顧客が商品を選択するときの候補（想起集合）に入らなければ，ブランドとしての役割を果たせない。一般に，開発した商品や商品群にブランド名をつけて，マーケティング戦略を展開するが，商品群に差異（競合商品との違い）や意味（開発や製造の思いや物語性，環境保全などの社会的な意味）を持たせること，商品群にそのような差異や意味があることを顧客に伝達し好意的に認知してもらうこと，顧客に好意的なイメージを持ち続けてもらうことが重要になる。そのとき，自社の企図したブランド・ポジションと，顧客の頭の中に形成されたイメージとが合致することが望ましい。合致することで，購入後の顧客の期待を裏切らず，一定の顧客満足度を得て継続的な購入を促し，顧客ロイヤルティの

形成につながる。

　食品や農産物を含めた地域特産品では，同じ地域の複数の事業者が協力して地域名を関したブランドを用いることがあり，地域ブランドと呼ばれる。一般にブランド形成で重要なことは，ブランドを特徴づけるコンセプトを確立することである。4Pと整合的に実施し，競合商品や競合地域との違いがどこにあるかを明確にしてブランド・ポジションを確立する。そして，ブランドを育成していく中で，価格プレミアム効果やロイヤルティ効果を醸成し，それらの効果が継続的に実現できるように適切に管理していく。こうして確立したブランドにおいても，事故や不祥事によって一瞬で崩壊するため，常に法令順守とマーケティング倫理を意識して，顧客の信頼や期待を裏切る行為は慎むとともに，顧客との継続的なコミュニケーションを大切にする必要がある。

　以上が，マーケティングの基礎的な考え方と手順である。ビジネスとしては，顧客への価値提供を通じて，顧客満足と自社の利益を両立させることと，それを持続的に成立させることが重要である。また，マーケティング目標，目標にするポジション，ブランド・ポジションなどを短期的に変更すると，顧客は混乱するため，中長期的な視点で取り組む必要があるといえる。実際の農産物（トマト）の事例では，生産者グループでブランドを管理し，糖度によって商品の選別を行い顧客に低糖度の商品が渡らないようにするとともに，高級なパッケージによって高価格での販売を実現している。さらにその糖度による選別基準を毎年少しずつ上方修正し，持続的に顧客満足度を高めて，ブランド・ポジションを確立している。もちろん，それに伴う生産の見直しを行うことでグループの技術水準を嵩上げしており，このようなマーケティング戦略によって競合産地の追随が困難なビジネスを成立させることが可能となる。

注

(1)　ドラッカー，P.F. 上田惇生訳（2001）『マネジメント エッセンシャル版』ダイヤモンド社の p. 17 より引用。

(2)　「製品」と「商品」という言葉が出てくるが，「製品」は生産者や製造業者からみた言葉であり，販売場面でみると「商品」である。ここでは，顧客志向の考え方から，主に「商品」を用いている。

(3) 日本マーケティング協会 HP のマーケティングの定義より引用（2020年5月31日閲覧）。注釈も同様。

(4) 米国マーケティング協会（AMA）HP の Definition of Marketing より引用（2020年5月31日閲覧）。

(5) 消費者からみて，各企業の商品間に特徴的な差異がなくなり，一般的な商品として認識されること。コモディティ化すると，企業間の競争が価格競争になりやすい。

(6) 例えば農業協同組合は，農業経営体とは別組織であるが，農業者が組織している団体であり，農産物の顧客に対しては基本的に産地や農業経営体の立場で行動する組織である。そのため，中間的な組織としている。

(7) 河野恵伸（2019）「農産物マーケティング」『農業経済学事典』丸善出版を参照（一部引用）。

（河野恵伸）

推薦図書

恩蔵直人（2019）『マーケティング　第2版』日経文庫。

岩崎邦彦（2017）『農業のマーケティング教科書』日本経済新聞出版社。

コトラー，P.　恩蔵直人監修，藤井清美訳（2017）『コトラーのマーケティング4.0』朝日新聞出版。

コトラー，P.・K.L. ケラー，恩蔵直人監修，月谷真紀訳（2014），『コトラー＆ケラーのマーケティング・マネジメント　第12版』丸善出版。

石井淳蔵・嶋口充輝・栗木契・余田拓郎（2013）『ゼミナール　マーケティング入門　第2版』日本経済新聞出版。

練習問題

1．マーケティング・ミックスについて説明しなさい。

2．生産者になったつもりで，調理用トマトについて STP を行ってみなさい。

<table>
<tr><td>第⑨章</td><td>農業のビジネス化</td></tr>
</table>

《イントロダクション》

　農業経営体が事業拡大を目指す場合，農業そのものの大規模化だけでなく，フードシステムを構成する加工ないし流通部門に進出し多角化を図ることも重要である。しかし農業経営体がすべての部門を内部化することは難しい。実践例としては，農産物直売所，６次産業化，農商工連携への参画などがある。多角化を支援する政策も近年各種整備されてきた。

キーワード：フードシステム，多角化，加工，流通，地産地消，農産物
　　　　　　直売所，６次産業化，農商工連携

[1]　はじめに

　食品が私たちの手元に届くまでには，農場で原料農産物が生産されてから，工場での加工，卸売・小売業者による販売，その間を取り結ぶ物流など，様々な経済主体の行動が積み重ねられている。農場から食卓までの間における様々な経済行為が形成する食品の流れをフードシステムと呼ぶが，これまで農家をはじめとする農業経営体は，フードシステムの中で原料農産物の生産を主な業務としていた。しかし戦後ほぼ一貫して，フードシステムにおいて農産物生産以降の経済活動がもたらす付加価値が増大している。図9-1は，私たち消費者が支払う飲食費全体が，最終的にフードシステムの各部門にどのように帰属・配分されているかを示したものであるが，加工を担う食品製造業や販売・物流を担う流通業の占める割合が高いのに比べ，農林漁業の占める割合は低下し，今では全体のほぼ7分の1となっている。食行動の外部化が進展し，私たちは原料農産物そのものだけでなく，むしろそれを便利にかつおいしく食べるために必要なプロセスに対し付加価値を見出し，対価を払っていることが分か

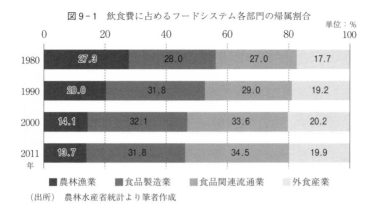

図9-1 飲食費に占めるフードシステム各部門の帰属割合

単位：%

年	農林漁業	食品製造業	食品関連流通業	外食産業
1980	27.3	28.0	27.0	17.7
1990	20.0	31.8	29.0	19.2
2000	14.1	32.1	33.6	20.2
2011 年	13.7	31.8	34.5	19.9

■農林漁業　■食品製造業　■食品関連流通業　外食産業

（出所）　農林水産省統計より筆者作成

る。そこで意欲的な農業経営体は，原料生産に限らず，自ら加工や流通等に取り組むことで付加価値を獲得しようとしている。

　企業・経営体が新たな事業に取り組むことを一般に「多角化」と呼ぶ。多角化は，同レベルの製品・サービスの種類を増やす水平的多角化と，原料生産—加工—流通という一連の供給の流れを統合しようとする垂直的多角化に分けられる。農業経営体が加工や流通に進出することは，垂直的多角化の一例であるが，本章ではこうした取り組みを「農業のビジネス化」と捉えることにする。以下では，農業のビジネス化の背景として押さえておきたい地産地消をめぐる動向を確認したのち，典型的な農業ビジネス化の取り組みとして，農産物直売所，6次産業化，農商工連携の特徴を整理する。

(2) 地産地消と農業のビジネス化

　食品をめぐるグローバル化が進み，私たちは今や，気づかぬうちに世界各地で生産された食品や，それをもとに日本国内で製造された食品を食べている。しかし食のグローバル化が当たり前となり，海外への依存度が高まると，逆に国内あるいは居住する地域に由来するローカルな食材への関心を高める消費者も一定数存在する。こうしたローカルな農産物や食品を再評価し，地域で生産された食材をなるべくその地域内で食することを重視する思想やその実践は，日本では「地産地消」と呼ばれている。この用語が一般に普及したのは，日本

の食生活のグローバル化が一般化した21世紀以降のことである。またこうした
トレンドは，日本に限らず世界各地でみられる。例えば韓国では「身土不二」
というキャッチフレーズのもと，国産食品やローカルフードの愛用運動が展開
されている。アメリカでも「Buy Local」というキャッチフレーズが流布して
おり，地元の農産物を食べることで地域の農業者の経営に貢献しようという動
きがある。イタリアを発祥として世界的に広まったスローフード運動でも，地
域の伝統的な食品を重視すること，またその供給者である地域の零細農家を支
援することが重視されている。

　農業経営体が自ら加工や流通に進出してフードビジネスを展開する場合，想
定される顧客が地域の消費者や実需者であれば，地産地消のトレンドはプラス
に働く。ローカルな食材に関心を抱く消費者のニーズにフィットする食品を農
業部門自ら生み出すことができれば，原料生産からその後のプロセスまで地域
内で一貫して管理された食品は人々に評価されるだろう。また，顧客を地域に
限定せず，より広い範囲を想定する場合でも，地産地消に貢献しうる食材を提
供できれば，その地域の風土・食文化の持つ良さをアピールでき，食品のス
トーリー性を高め，マーケティング的にプラスの効果をもたらすだろう。

　ただし，過度にローカル性を強調することは，場合によっては地域外・国外
の食材を不当に低く評価し，偏狭なナショナリズムやローカリズムに陥ること
もある。こうした評価や行為は現に慎まねばならない。

［3］　農産物直売所

　農業経営体による流通部門への進出の典型的な事例は，日本全国に普及した
農産物直売所であろう。現代の日本の典型的な直売所では，一定数の出荷者を
確保した組織・団体が常設販売施設を設置し，そこに出荷者の産品を一同に陳
列して販売する方式がとられている。利用客は施設内に陳列された多様な産品
から自身の好みのものを選び，レジスタで一括して支払う。その売上げは閉店
後に精算され，各出荷者の口座に後日振り込まれる。こうした組織的な運営方
式をとるため，日本の直売所は時に「共同直売所」とも称される。こうした共
同直売方式は，1980年前後から徐々に普及し，今では一般化しているが，海外

で農家が直売する「ファーマーズ・マーケット（FM）」と比べると，運営の仕組みにおいてかなりの差がある。海外のFMでは，運営組織から認められた出荷者が，指定された場所に各自でブースを用意し，自身の産品のみを陳列・販売する。利用者は個々のブースを巡回し，ブースごとに会計を済ませる。いわばかつての日本の伝統市に近い運営方式をとっている。日本の共同直売方式は，国際的にみればかなりユニークな存在となっている。

　共同直売方式を採用した直売所の特徴をいくつか指摘する。まず，出荷者としての登録は比較的簡単で，持ち込む産品の規格（大きさなど）も比較的緩く，最低限のルールを守り，食品の安全性を担保していれば，随時出荷・販売できる。出荷者にとっては，自己責任は伴うが，自己の裁量に応じて柔軟（フレキシブル）な出荷ができる点が魅力となっている。また出荷のフレキシビリティを確保することにより，地域の多様な出荷者（その中には零細な自給的農家，高齢農家，女性農業者も含まれる）の参入を促し，地域性にあふれた多様な産品の品揃え形成に貢献している。つぎに，販売される産品の価格は，出荷者の判断で決められるのが一般的である。過度な高値／安値を防ぐために運営組織により目安が設定されることもあるが，最終的には出荷者の自己責任で決定できることが，やはり出荷者にとっては魅力となっている。もちろん，価格の趨勢は需要と供給のバランスにより決まるのであって，出荷者もそれを無視できない。それでも，農協経由の共同出荷では体感できない価格形成プロセスの現場に自ら関われることが出荷者には評価されている。

　直売所に出荷される産品は，青果物が主体であるが，仏花用など比較的廉価な花き類や，簡単な農産加工品（漬物，菓子，弁当等），畜産物も一定量取り扱われている。加工品や畜産品を出荷するには所定の衛生基準を順守し，必要時には許可を得る必要があるが，多様な地域食品を受け入れてくれる点も出荷者には評価されている。また利用客からみれば，地域由来の多様な食品を直接目で確かめて購入できる場となっている。

　上記の点が農家・農業経営者に評価され，日本式直売所の設置は相次ぎ，**表9－1**のとおり，ここ20年間増加してきた。調査ごとに集計手法に違いがあり，特に農林水産省の調査では個別経営体による直売所や臨時営業のものも含まれ

ているためやや過剰集計では
ないかとの批判もあるが，今
や2万近くの直売所が全国に
展開している。農林水産省の
6次産業化総合調査では近年，
直売所の売上額の推計値も公
表しているが，2016年調査よ

表9-1　農産物直売所の全国設置数

調査主体	調査年	設置数
埼玉県食品流通課	1997	11,356
都市農山漁村活性化機構	2003	11,814
農水省（農業センサス）	2005	13,497
農水省（農業センサス）	2010	16,816
農水省（6次産業化総合調査）	2016	23,440

（出所）　筆者作成。

り推計売上額は1兆円を超えており，農産物及び地域産品の販路として国民経済レベルでも無視できない存在となっている。出荷農家・経営体にとっても，販路の選択肢が増えたことで，収入源の多角化に貢献している。

　しかし，共同直売方式には，いくつか欠点もある。現在の共同直売所では，日々の店舗管理は専従の職員に任されていることが多い。そのため出荷者は，朝の出荷時と夕方の残品引き取り時以外は店舗を訪れることはなく，営業中の店舗の様子や顧客の行動を把握できない。直売所が小規模であった頃は，出荷者が当番制で店舗管理に参加，あるいは運営組織に直接かかわることで，ある程度直売の現場の感覚を把握していたが，現在ではリーダー的な出荷者や高頻度の出荷者以外は，朝「出荷するだけ」という行動をとりやすい。そのため，一部の出荷者が顧客・現場のニーズに疎くなり，安易な価格づけによる値下げ競争，大量の残品発生，不適切な産品の出荷といった問題行動を起こすことがある。加えて，出荷者と利用客のコミュニケーションの場もなかなか形成されない。よく直売所を「都市農村交流の場」「生産者の顔のみえる流通形態」と紹介する論説も見られるが，対面販売を原則とする海外のFMと比べると日本式共同直売所での出荷者＝利用客間のコミュニケーションは希薄であると言わざるを得ない。

4　6次産業化

　6次産業という用語の出自には諸説ある。だが1990年代半ば，農業経済学者の今村奈良臣氏が，農業部門自らの加工ないし流通部門への進出による経営多角化を「6次産業化」と論じたことが，この概念を広めるきっかけを作ったと

いえる。6次産業化の支援を法制化した「六次産業化・地産地消法（通称）」の前文では，6次産業化を「一次産業としての農林漁業と，二次産業としての製造業，三次産業としての小売業等の事業との総合的かつ一体的な推進を図り，地域資源を活用した新たな付加価値を生み出す取組」と定義している。ただし，この定義はかなり広い定義と言える。農林水産省も，前述の今村氏も，6次産業を担うのは個別の農家・農業経営体なのか，それとも2次・3次産業の経営体が1次産業にも進出することを指すのか，あるいは経営体レベルでなく，地域社会全体で産業の多角化ないし連携をすることを目指しているのか，明確にはしていない。ここでは便宜的だが，農家やその集合体が加工・流通・サービス業にも取り組むケースを「狭義の6次産業化」，地域全体で農業と他産業の連携を図り，地域経済全体の多角化を目指すケースを「広義の6次産業化」と捉えておこう。まず狭義の6次化について考えてみる。

　農家が原料農産物の生産以外の関連ビジネスに取り組むことは，古くからみられた。例えば，都市近郊の農家が野菜等を自ら都市に運んで住民に直接販売する「振り売り」や，山間部の農家が自宅周辺の林産物を活用して炭焼きを行い都市部へ販売することは，1950年代まで各地で実践されていた。当時の農家は現金獲得の手段として，6次産業的な取り組みを行っていたのである。しかし生活様式の変化や農業及び農産物流通の近代化とともに，こうした原初的な6次産業の取り組みは姿を消していった。

　しかしフードシステムにおける農業以外の分野の提供する付加価値が増大するとともに，工業製品価格やサービス料金に比べ農産物価格が相対的に低下した1980年代ごろから，一部の農家やその集合体が，再び加工や流通への進出に取り組み，原料農産物の販売のみでは獲得できない付加価値を内部化しようとした。例えば，農業に従事する女性は各地でグループをつくり，農村生活の改善に資する活動に取り組んでいたが，その中で取り組まれていた加工食品づくりが，自給的な取り組みを抜け出して地域特産品の製造，さらにはその販売まで手がけるという取り組みがよくみられた。中には任意組織を法人化してビジネス性を強めた事例や，ノウハウを身に着けたメンバーが独立して加工・販売に取り組む事例も見られる。女性主導のこうした取り組みは「農村女性起業」

と呼ばれているが，6次産業という概念が確立する前から展開しており，優れた地域特産品のシーズを提供している。また80年代以降，稲作経営の大規模化・組織化が進められた。意欲的な稲作経営体は規模を拡大し法人化も進めているが，その過程で，米生産の大規模化と効率化だけでなく，米を活用した加工品の製造販売や，米の直販に着手し，経営の多角化を進めた例も多い。また地理的条件の悪い地域では，地域の稲作全体を特定のメンバーないし組織に委ねる「集落営農」を進めているが，その担い手となった組織も，収入源の多角化を図るため，米ないし地域の様々な農業資源を活用した加工品の製造・販売に着手することがある。これも6次産業化の先駆的ケースと言える。

　6次産業化という概念が一般にも浸透し始めた1990年代末以降は，それまで以上に農業経営の大規模化と多角化が模索された時期でもある。当時，経営改善に意欲的だった農家・経営体は，その過程で加工や流通を積極的に内部化しようとした。そしてそうした経営体の発展，またその連鎖による農村地域の振興が期待された2000年代以降，政府は6次産業化を支援する様々な政策を打ち出した。2010年には六次産業化・地産地消法が交付され，支援政策に制度的裏付けもなされた。

　支援政策の中でも特に重要なのが，「総合化事業計画」である。6次産業化に取り組もうとする農林漁業者及びその団体が提出する事業計画を審査し，要件をクリアし認定された計画に対して，経済的支援（補助金，融資等），技術・ノウハウの指導，制度上の規制の緩和などを行う。2020年5月現在，全国で認定を受けた計画は2,565にのぼり，今なお増加している。表9-2は認定された計画の件数を事業内容により分類し，その構成比を示したもので，6次産業化として取り組まれている事業の具体的な特徴を知ることができる[1]。最も多いのは加工と直売を組み合わせた取り組みで全体の7割近くを占めている。加工品を自ら販売するという営業スタイルは，非農業の食品製造業でもよくみられる。続いて多いのは加工のみに取り組むケースで，全体の2割程度である。6次産業化として取り組まれている事例は，農産物加工を核としているケースが非常に多いことが分かる。一方，直売やレストランなど，3次産業のみに分類される取り組みは少ない。以前より指摘されているが，6次産業という用語は1

表9-2　6次産業化・総合化事業計画の事業内容別構成比（%）

事業内容	2012年6月	2016年2月	2020年
加工のみ	29.3	20.0	18.4
直売のみ	3.6	2.6	3.0
輸出のみ	0.3	0.3	0.4
レストランのみ	0.1	0.3	0.4
加工・直売	58.8	68.7	68.7
加工・直売・レストラン	6.6	6.5	7.0
加工・直売・輸出	1.3	1.6	2.1

（出所）　農林水産省公表資料より作成

次・2次・3次すべてに関与しなければならないようなイメージを想起させるが，実態はそうではないし，それを過度に期待するのもよくないだろう。ただし，6次産業化がやや加工部門に偏りがちで，農業や農村の資源を活用したサービス業の新たな展開（農村ツーリズム等）にはあまり向かっていないことは，以前より課題として指摘されている。また，総合化事業計画の認定件数自体は増加しているが，認定を受けていない6次産業化の取り組みも多数あるし，認定の有無が6次化の事業としての優劣を決めるものではないことには留意してほしい。

5 農商工連携

　6次産業化・総合化事業計画が注目されて以来，多様に展開する6次産業の取り組みのうち，前述の狭義の6次産業化，すなわち農業経営体とその集団による経営多角化に人々の関心が集中し，地域全体の農業・1次産業と他産業の連携という側面が重視されなくなっている。しかし6次産業化の担い手は，農業部門の主体に限定されるものではない。まず，農業経営体自体が利用できる資源・人材・ノウハウには限りがあることが多く，簡単には経営の多角化・6次産業化を進めることはできない。多角化した事業が思うように展開せず行き詰まったり，多角化は進展しても本業である農業に割ける経営資源や時間が減少し，農業経営が揺らぐこともありうる。一方，地域の商工業者の中には，地域の農産物や農村の持つ資源に魅力を感じ，それらを活用して新たな産品やサービスを生み出そうと模索している業者も存在する。こうした地域の農・

商・工業の担い手が，それぞれの本業のノウハウを生かしつつ連携し，新たなビジネスを生み出そうとする取り組みは，地域経済全体の6次産業化と捉えられる。一般にはこうした取り組みは「農商工連携」と呼ばれている。

　政府も21世紀以降，弱体化した地方経済の再活性化のために，こうした産業間の連携を支援する政策を打ち出している。当初は経済産業省や文部科学省による「産業クラスター計画」が注目された。著名な経営学者であるM・ポーターが提唱する学説に依拠し，いくつかの地域にイノベーティブな産業間連携を生み出そうとしたが，対象は大企業とベンチャー企業，産業部門では技術主導型産業に傾斜した計画が多かった。その後，より一般的な企業どうしの連携，また中小企業や零細な経営体も取り込んだ連携による地域活性化を目指してスタートしたのが，経済産業省と農林水産省による「農商工等連携事業」である。

　同事業は根拠法の成立後，2008年にスタートした。この事業の認定を受けた事業計画は811件（2020年2月現在）あり，6次産業化・総合化事業計画の認定数より少ないものの，全国各地にみられる。5年単位の計画が審査され認定を受ける点や，認定を受けた計画が受けることができるサービス（経済的支援，技術・ノウハウの指導，制度の緩和）は6次産業化・総合化事業計画とほぼ同じである。なお，本事業に参画できる商工業者は原則として中小企業である。

　農商工等連携事業がスタートして10年を経過したが，認定された計画において，農・商・工3部門のうちどの部門が連携しているか，そのパターンを確認してみると，農・工2部門の連携が約7割，農・商2部門の連携が4分の1程度で，3部門そろって取り組む事例はきわめて少ない。また，事業内容を見ても，地域の農家が生産した農産物を利用して加工食品を製造し，それを地域特産品として販売するという計画が大半を占めており，新たなサービスを提供する取り組みは少ない。やや加工に特化した連携が多いのが全国的傾向である。

　また，同事業では申請時，連携に加わる経営体のうち1つが代表企業として登録される。代表企業は連携事業のリーダー的存在であるが，それが農・商・工のいずれに属するかを確認すると，農林漁業主導のケースは1割未満であり，多くは工業部門が代表企業となっている。以上より，現行の農商工等連携事業では，農業部門が積極的に連携に加わって新たな財・サービスを創出しようと

いう動きは少なく，地域の一次産品を提供する原料供給先としての役割しか果たしていないケースが多いことが推測される。今後は農業経営体が商工業者と積極的に連携の場を形成し，単なる原料供給や販路拡大にとどまらず，新製品の開発プロセスやサービスの展開に積極的に関与し，連携事業において主体性を発揮することが期待される。

　なお，農業者が主導するより大規模な農商工連携事業を金銭的に支援するため，官民一体となった出資による『農林漁業成長産業化ファンド』が2013年に設立された。しかし一部の投資案件の経営悪化など，十分な効果を上げることができなかったため，2021年度以降の新規案件募集を停止することになった。

6　農業とフードビジネス

　農業経営を拡大するとき，かつてはいかに農業を大規模化するかに力が注がれてきた。しかし近年では，農業を取り巻く関連産業，すなわちフードビジネスを農業がいかに内部化するかも，農業経営体にとっては重要な経営課題である。ただし，やや流行語と化した感もある6次産業化の実現は，決して簡単ではない。特に農業経営体が自ら多角化して6次産業を形成するには，経営資源をめぐる様々な制約が存在する。また仮に6次産業化に取り組むにしても，加工・流通・その他付帯サービスのすべてを取り込むことはきわめて難しい。経営者にとって大切なのは，フードシステムを形成する各部門のうち，どこまでを自らの経営に内部化し，どこから先は他社に委ねるか，また委ねる場合は，いかに他社と良好な関係を築き，場合によっては事業展開で連携できるかを意思決定することである。

　このように，農業部門のフードビジネス化を食をめぐる多角化と捉えた場合，その担い手・事業主体が個別の経営体か地域経済全体か（多角化の対象），また経営体に新しい事業を内部化するか，それともある程度の内部化に留めて残りは外部に委ねるか（多角化の方向性）という2つの視点で分類すると，図9-2のように整理できる。本章で説明した狭義の6次産業化は図の左上に位置するが，実践例も支援策も，近年は左上に偏る傾向がみられる。しかし他の領域についても，可能性を模索できるのではないだろうか。

図 9-2　農業およびフードビジネスの多角化をとらえる 2 つの視点と実践例

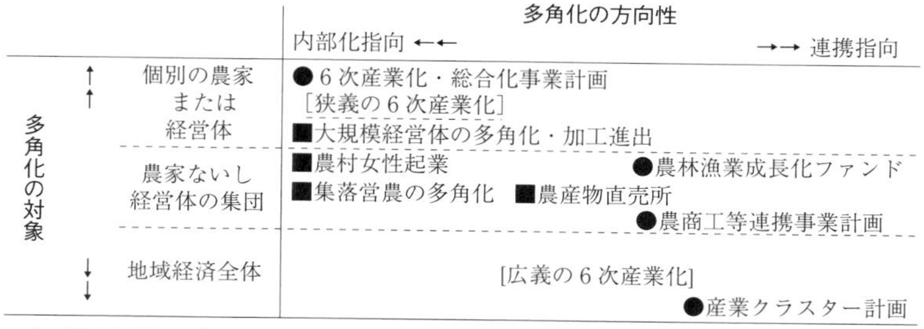

注：■は実践例，●は支援政策を示す。
（出所）　筆者作成。

　なお，本章では農業部門がフードビジネスへと展開する動きを対象に説明したが，近年では，フードビジネスに関わる商工業者が農業に展開する例もみられる。日本の農地法は長きにわたり農業者以外の経済主体による農地の所有と利用を厳しく制限してきたが，数回にわたる改正により，非農業者による農地利用もある程度緩和されたためである。今後はこうした非農業部門による農業への参入も注視する必要がある。

注
(1)　表 9-2 にて，事業分類の中に「輸出」という項目が存在する。地域の農産物ないしその加工品を海外に販売する取り組みが該当するが，なぜ輸出が総合化事業計画に組み込まれ，しかも加工や直売と別立てされているのかについては，よく分かっていない。農林水産省が農産物・食品の輸出振興に力を入れ始めた時期が，6 次産業化の政策支援を強化する時期とほぼ同じであることが影響したと思われる。

（櫻井清一）

推薦図書
櫻井清一（2011）「農商工等連携事業の展開に見られる諸課題」『農業市場研究』19 巻 4 号，62-67。
櫻井清一（2014）「農産物直売所からみた農業と地域社会」桑子敏雄ほか 3 名『日本農業への問いかけ』ミネルヴァ書房，pp 249-309。
高橋信正編（2018）『食料・農業・農村の六次産業化』農林統計協会。

高橋みずき（2019）『6次産業化による農山村の地域振興』農林統計出版。

練習問題

1. 家族経営農家が6次産業化に取り組む場合，どのような制約条件が存在するか，具体的に指摘してみよう。考えを明確にするために，農家の経営状況を事前に想定（栽培作目，農業労働力，経営耕地面積など）しておくとよいだろう。
2. あなたが住む県，あるいは出身の都道府県において，どのような6次産業化及び農商工連携の認定事業計画が存在するだろうか。検索・抽出したうえで，その特徴をまとめてみよう。6次産業化の総合化事業計画については，農林水産省のHPからエクセルファイルで入手できる。農商工連携については（独）中小機構が運用するHP「J-Net21」内の「認定事業計画検索」にて検索できる。

<table>
<tr><td>第10章</td><td>スマート農業</td></tr>
</table>

《イントロダクション》

　本章では，農業・食品産業において今後の発展方向として注目されているスマート農業を取り上げる。スマート農業が注目される背景と政策経過を概観したうえで，多岐にわたるスマート農業のうち，生産場面の代表に土地利用型農業，生産から流通場面の代表として園芸を取り上げ，生産及び流通場面におけるスマート農業技術の展開状況を示す。最後に，生産から消費までを網羅するスマートフードチェーンを取り上げ，新たなフードビジネスの展開方向を示す。

キーワード：スマート農業，ICT，IoT，ロボット農機，センシング，
　　　　　　生育予測，環境制御，トレーサビリティ，スマートフード
　　　　　　チェーン

1 スマート農業をめぐる背景

　スマート農業という用語は，必ずしも一様ではなく，様々な場面で各種の整理がされている。町田（2019）によれば，スマート農業とは「農業のIT化は強く意識しているが，営農スタイルや農業の展開方法も包括した概念を含んでおり，エネルギーや環境などの革新技術も含め，農業・農村のイノベーションを巾広く目指す農法」と整理している。また，寺島・神成（2019）によれば，スマート農業とは「ロボット技術や情報通信技術（ICT）を活用し，従来に比較して飛躍的な農作業の省力化や，高精度化された栽培技術により，低コストで高品質な農産物の生産を可能とする新しい営農の有り様」と整理している。農林水産省によれば「ロボット技術やICTを活用して超省力・高品質生産を可能にする新たな農業」と整理している。町田（2019）の整理では，より広範な枠組みが想定されているが，農林水産省が整理するように，生産局面を強く

意識した従来以上の省力化，品質向上が可能な営農体系（農法）と整理できる。これは，第5期科学技術基本計画（2016〜2020年度）の中で示されている「Society5.0」の推進に対して，農業分野での実現を目指す方向に一致する。

　今日のスマート農業への関心の高まりは，ロボット技術やICT等の研究開発の進展が背景にあるものの，わが国の農業を巡る厳しい状況も関係している。すなわち，わが国では2010年をピークに人口減少局面へ移行し，農業では若年齢層の労働力不足が深刻な問題となっている。若年齢層の農業就業を促すためにも，競争力を強化し，魅力ある産業への転換が求められている。以上のような問題を解決する手段としてスマート農業が注目されている。

　農林水産省では，2013年11月に「スマート農業の実現に向けた研究会」を立ち上げ，その推進方策等について検討が始められた。2016年3月には，その研究会における検討結果の中間とりまとめが公表された。そこでは，スマート農業の将来像として，5つの方向性を整理している。すなわち，①超省力・大規模生産を実現，②作物の能力を最大限に発揮，③きつい作業，危険な作業から解放，④誰もが取り組みやすい農業を実現，⑤消費者・実需者に安心と信頼を提供である。これ以降，スマート農業に関する研究開発は，これらの将来像の実現に向けたロードマップを基本に進められてきたといえる。その代表が，内閣府の戦略的イノベーション創造プログラムの中の「次世代農林水産業創造技術」である。

　2020年現在では，研究開発に一定程度の目途を付け，スマート農業の社会実装に向けた取り組みを強化する段階に入っている。そのために農林水産省では，スマート農業の社会実装の推進に資する情報収集のために，2019年度より「スマート農業実証プロジェクト」において，スマート農業技術の大規模な生産現場での導入・実証を開始した。また，2020年3月に閣議決定された食料・農業・農村基本計画には，多方面にわたってスマート農業の推進が取り上げられるとともに，その参考資料である「農業経営の展望について」では，ほぼすべてにスマート農業技術を取り入れた農業経営モデルが提示されている。

　わが国におけるスマート農業の社会実装は，始まったばかりである。実際に，どの程度の速度で浸透していくのかは未知数である。法規制の変更，情報通信

施設等の社会インフラの整備，生産現場に適応した技術の成熟など様々な問題
も残されている。しかし，わが国の農業が今後とも維持・発展していくには，
スマート農業は重要な要素の１つである。そのために，スマート農業を核とし
て生産から消費までをつなげた新たな価値の創造が望まれる。

［2］　土地利用型農業におけるスマート農業技術の展開

　水稲や小麦に代表される土地利用型農業では，離農農家から供給される農地
の増大に伴い，地域の担い手経営における経営耕地面積が急速に拡大している。
わが国の農村人口の構造から，この傾向は今後とも継続するとみられる。その
ため，限られた労働力で，これまで以上の面積を耕作することで，地域農業の
生産力を維持することが課題となっている。

　土地利用型農業では，トラクタやコンバイン等の農業機械は重要な労働手段
である。これまでも，農業機械の発達による省力化を図ることで，物的労働生
産性を向上させてきた。これにより，わが国の水稲作は，田植機も加えた機械
化一貫体系が確立された。その一方で，この体系の面積規模限界の存在も指摘
されてきた（梅本 2014）。おおよそ営農現場の感覚では，この体系による１日
の作業可能面積は２〜３haと見込まれている。経営耕地面積の拡大に伴い，
この耕作可能面積の拡大が求められている。

　耕作可能面積を拡大する方法はいくつか考えられるが，注目を集めている方
法が農業機械の自動走行である。この技術は，GNSS等を利用した位置情報と
慣性計測装置等を利用した姿勢情報を基に，農業機械の進行方向と速度を自動
で制御する。完全な自動走行は農業機械の運転手を必要としないため，運転手
の人数以上に同時に作業できる農業機械を増大できる。つまり，同じ労働力で
も，それまで以上の面積を耕作できることになる。

　一方，農業機械の自動走行による事故等の安全性も配慮することが求められ
ている。そのために，農林水産省は「農業機械の自動走行に関する安全性確保
ガイドライン」を策定し，使用上の条件，製造者や使用者等の関係者の役割や
遵守事項等を規定している。ただし，このガイドラインの対象は，ほ場内やほ
場周辺からの監視による無人状態での自動走行である。これは，現時点では遠

隔監視下による無人状態での自動走行は認められていないということである。つまり，使用者は自動走行する農業機械をほ場内やほ場周辺から常時監視し，危険の判断，非常時の操作を行うことが求められている。

　安全性確保ガイドラインを遵守した運用を図る場合，農業機械の運転という労働力が削減できる一方で，無人状態での自動走行の監視という労働力が新たに発生する。農業機械1台を1人が監視する運用体制では，自動走行を導入する効果は小さい。そのため，1人で農業機械を複数台監視する運用体制が検討されている。無人状態で作業する農業機械を，同じほ場内で別の農業機械に搭乗して作業しながら監視する，いわゆる協調作業もその一例である。

　農業生産は複数の作業工程を経て農産物が生産される。ある特定作業の能率が向上しても，それが経営全体の経営耕地面積の拡大につながらない例は多く，農業機械の自動走行技術も例外ではない。その原因の多くは，それ以外の作業が経営耕地面積の拡大を阻害しているためである。生産期間を通した生産体系全般の視点からみた費用対効果に基づく導入の見極めが求められる。つまり，経営耕地面積の拡大に対するボトルネックの発見と，それを解消するための技術選択が重要である。

　土地利用型農業における経営耕地面積の拡大は，ほ場枚数の増加を伴うため，ほ場作業管理は量的に増大する。ほ場作業管理は，ほ場単位で作付する作目・品種・栽培方法を決定し，それに基づく栽培の時期や作業等の栽培管理工程を計画し，実施する。この栽培管理工程は気象条件等の影響に伴う生育状況に応じて適宜修正される。このようなほ場作業管理は，管理すべきほ場枚数が増加することで質的にも複雑化する。それにより，作業監督者がほ場に対する作業指示を誤ったり，作業実施者が作業すべきほ場を間違う危険が増大する。また，毎年，新規に何十枚ものほ場が増加することでほ場情報の更新が必要になると，ほ場作業管理はさらに困難になる。

　従来から，ほ場作業管理にはほ場図が活用されてきた。ほ場図には，主に所有者や面積の情報に加えて，栽培作目や各作業の作業時期などの情報が書き込まれていた。このほ場図を使った管理は，経営内でほ場作業の状況を視覚的に共有できるという利点がある。しかし，管理すべきほ場枚数が増加することで，

紙媒体によるほ場図の管理作業は煩雑化し，多大な労力が必要となっていた。

　そこで GIS を活用することでほ場図の電子化が図られた。紙媒体で実施していたほ場単位での情報整理作業は，電子化しても必要な作業となるため，必ずしも作業効率の改善には結びつかない。しかし，GIS を利用したほ場単位での色分けした視覚情報の逐次的な更新は，紙媒体では得られなかった利点であり，作業進捗などの工程管理の効率化に貢献している。

　また，ほ場図の電子化に伴いほ場情報に位置座標情報が追加されてきた。これは，作業者の位置情報と組み合わせることで，電子化されたほ場図をモバイル端末で利用する有効性の向上に貢献している。つまり，作業者は，現場で自分の位置を起点として，作業するほ場の位置を確認することが可能となり，作業するほ場を間違う危険を軽減できる。また，ほ場図をモバイル端末で利用することは，作業者が現場でほ場作業管理の更新も可能にし，ほ場作業管理の効率化にも貢献している。

　電子化されたほ場図は，ほ場単位の生産情報管理として農業生産を支援する重要な ICT として発展している。(2)例えば，ほ場の位置座標情報は，GNSS 等の位置情報を活用した農業機械と位置情報を連携する新たな精密農法の展開が示されている。コンバインの収穫作業時に位置情報と合わせた収穫量の情報を収集することで，ほ場の収量マップを視覚的に描く一方，その情報を次作への施肥設計へ反映することで，収量・品質の向上を支援できる。これは，ほ場単位での生産に関する情報の収集・解析によって，ほ場単位で適切に栽培を管理することで，経営全体の収量・品質の高位平準化を図ることである。

　また，メッシュ農業気象データと作物生育モデル等を活用した栽培管理支援システムの開発も進んでいる。(3)このシステムは，農業気象データ等を入力値として作物生育モデルを解析することで，その後の出穂期や成熟期等の発育ステージの時期を予測する。この予測は，土壌条件を加味したり，播種日や移植日を条件に含めることができるため，ほ場単位での予測もできる。これにより，ほ場単位で作業計画や出荷計画を立案できるとともに，早期から気象変動に伴う計画修正も可能となる。

　これまでは，土地利用型農業のような露地栽培では，自然環境の影響を受け

やすいために，今期の生産量（供給可能量）は，収穫されるまでは不確定情報が多くならざるを得なかった。生産が完全に統制できないために情報の不確定性は完全に解消できないものの，栽培管理システム等を活用することで，事前に農産物の生育ステージの時期等を予測することが期待できる。これらの情報は，流通・販売を担う事業体にとっても有益な情報である。今後は，生産に関する精度の高い情報を川上から発信し，それを核とした川上から川下の情報連携を図る新たな展開が期待できる。

3　園芸作物生産・流通のスマート化

(1)　園芸作物生産の課題とスマート化

園芸作物生産では，機械化によって大幅な省力化を成し遂げてきた稲作や畑作に比べて，これまで機械化，大規模化が進んでおらず，生産工程において手作業の割合がいまだ大きい。その理由として，園芸作物は品目や品種が多いことに加え，地域性があって栽培体系が多種多様であり，また，栽培管理方法のほか作業適期の判断などにも熟練を要する場合が少なくない。しかし，農業従事者の著しい減少や超高齢化に伴い，生産現場では労働力不足や技術継承が喫緊の課題となっており，園芸分野においても栽培管理や作業の省力化，効率化は強く求められている。

そのため，園芸作物生産における「スマート化」，すなわち，機械化による省力化や自動化をはじめ，近年進歩が目覚ましい ICT（情報通信技術）のうちデータ通信・処理技術，計測技術（sensing：センシング），制御技術（control technology）などの先端技術を活用して，栽培管理，生育予測，環境制御などを高度化，効率化する技術が開発され，普及してきている。

以下では，園芸作物生産における果樹，施設野菜，露地野菜と，青果物流通の各分野について，普及事例となる技術を紹介する。

(2)　果樹の光センサ選果とデータ活用

果樹生産では，果実糖度などの内部品質を近赤外線によって非破壊で測定する装置，すなわち光センサを利用した選果の技術が一般化している。CCD カメラによる外観測定と組み合わせた全数検査技術は，1990年代からすでにモモ，

リンゴ，ナシ，ミカンなど多くの果樹産地の選果場に導入され，実用化されている（亀岡 2019）。2000年代，このような選果データと GIS（地理情報システム）が連動した園地診断システムが開発され，果樹産地に普及してきている。園地ごとに，生産物から測定した糖度データなどを紐づけることで，栽培管理の指導にフィードバックして利用されており，産地ブランドの確立や生産者の収益向上に役立てられている。

（3）　施設園芸における環境制御技術

施設栽培は露地栽培と異なり，作物の生育環境を制御することでより効率的かつ安定的に生産できるという特徴がある。施設内の温度，湿度，日射量，CO_2 濃度，土壌水分などをセンサで計測し，また生産者は作物の生育を観察し，それらのデータに基づいて換気扇，暖房機，天窓，側窓，カーテン，CO_2 施用機，潅水装置などを作動させて生育環境を制御し，生産量の向上や安定化を図ってきた。施設園芸分野においては，オランダ等では1980年代からすでに，施設内環境制御システムの開発，普及が行われており，それに伴い，作業の省力化や自動化，施設の大規模化が進んできた。一方で，日本の施設園芸生産者の規模は1戸あたり約20aと欧米と比較して小さく，高コストなシステムの導入は難しかった。そのため，国内での普及に向けた低コストの環境計測・制御機器の接続規格として，「ユビキタス環境制御システム」（UECS，ウエックス）が開発された（星 2019）。これは，国内の施設園芸において，各種のセンサや機器をネットワークで接続して分散統合管理するという，IoT（Internet of Things）の先駆けとなっている。

（4）　露地野菜の出荷予測システム

国内のキャベツ，レタス，ネギ，ホウレンソウなどの露地野菜生産においては，加工・業務用需要の増加とともに生産者や出荷団体と実需者との間で契約取引が増加している。契約取引では定時・定量出荷が求められることが多いが，露地栽培では気象条件によって生育日数や収穫量が変動しやすいため，収穫直前にならないと出荷時期や出荷数量を正確に把握できないという問題があった。そこで農研機構では，契約取引の安定化を図るために作付ほ場ごとに作付記録と気象データと生育モデルに基づく生育シミュレーションを行い，それらを集

計して出荷団体における週別の出荷数量を算出する「出荷予測アプリケーション」（以下，アプリ）を開発した（菅原 2019）（図10-1）。アプリの主な機能は，オンライン気象データの取得，作付記録と生育モデルによるほ場別の生育シミュレーション（収穫日・収穫量予測），その結果の集計による出荷団体での週別出荷数量の算出からなる。気象データとして農研機構による「メッシュ農業気象データ」を用いている。本アプリを利用した出荷予測に加え，生育調査やほ場画像モニタリングによる予測結果の補正を行うことで，出荷予定の4～2週間前に出荷団体から取引先の実需者に出荷予測情報を提供することが可能となり（図10-2），このような運用を含めて「出荷予測システム」としている。2020年現在，国内の複数産地でシステムの導入，実証が行われている。

(5) 青果物流通の課題とスマート化

　園芸作物はその多くが生鮮品であり，花き類等以外の食品となるものは「青果物」と呼ばれる。青果物は時期によって出荷量や市場価格が大きく変動しており，消費者の購入価格だけでなく，生産者の収益に大きく影響している。そのため，青果物の出荷量や価格の安定化は，生産から流通，販売，消費に至るまで，大きな課題である。そのため前述のとおり，環境計測・制御によって生産量をコントロールする技術や，気象データに基づく生育予測によって出荷可能な時期と生産量を予測する技術が開発され，生産現場で普及しつつある。

　また，青果物は生鮮食品であり，鮮度の劣化が品質の低下や食中毒の発生の原因となる。そのため，流通においてコールドチェーンが普及してきたが，低温状態や鮮度の担保が課題であった。2000年代に，まず牛肉と米で生産者・産地の情報を流通・消費側に伝達し担保するためにトレーサビリティ（追跡可能性）を担う情報システムが開発され，続いて青果物の生産・流通過程の情報を伝達するトレーサビリティシステムが開発されている（宮部 2019）。現在ではすでに普及段階にあり，識別記録管理の効率化や迅速化に加え，一部の青果物商品ではパッケージに識別番号，バーコード，QR コードなどが印刷されており，それらをスマートフォン等で読み取ると生産情報などを閲覧できる。さらに，先進的なセンシング技術と組み合わせて，温度計測によるコールドチェーンの担保，ならびに鮮度の非破壊計測なども可能になっている。

図 10 - 1 露地野菜の出荷予測アプリケーションの概要

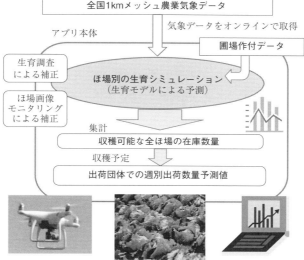

（出所） 筆者作成。

図 10 - 2 出荷予測システムにおける出荷予測と業務の手順

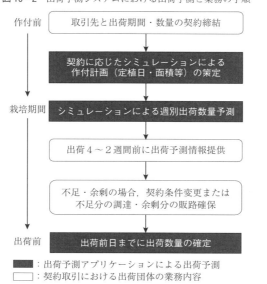

■■■：出荷予測アプリケーションによる出荷予測
▢▢▢：契約取引における出荷団体の業務内容

（出所） 筆者作成。

4 スマートフードチェーンシステム

　前述のように生産や流通のスマート化が進む中，フードシステムを通したさらなる情報連携によって，消費者ニーズを指向した農林水産物・食品の安定的な供給や，特長を生かした商品のブランド化によるバリューの創出を可能にする仕組みが「スマートフードチェーンシステム」である。スマートフードチェーンシステムとは，「ICT（情報通信技術）を活用し，国内外の多様化するニーズなどの情報を産業の枠を超えて伝達することで，それに即した生産体制を構築し，さらには商品開発や技術開発（育種，生産・栽培，加工技術，品質管理，鮮度保持等）にフィードバックし，農林水産業から食品産業の情報連携を実現するシステム」とされている（農林水産戦略協議会 2017，小田 2019）。生産者の持つ可能性と潜在力を引き出し，ビジネス力の強化やサービスの質を向上させることにより，競争力の高い持続可能な農業経営体を育成することが可能となり，農林水産業を成長産業へと変革し，国内総生産の増大に貢献することが期待される。

　このシステム構築については，農研機構を代表機関としたコンソーシアムによる研究課題「生産から流通・消費までのデータ連携により最適化を可能とするスマートフードチェーンの構築」（2018〜2022年度）で現在，研究開発を進めている（農研機構 2018）。具体的には，「農業データ連携基盤（通称：WAGRI）」を活用し，流通過程において生産から消費まで情報を双方向に繋ぐ情報伝達システムを構築するとともに，国内外の生産・需要のマッチング技術，需要に応じた出荷を可能にする生産技術等を開発している（図10-3）（菅原 2019）。

　スマートフードチェーンシステムを実現するうえでは，農林水産物・食品の生産から加工，流通，小売にかかわる多数の主体が ICT を活用したシステムを導入し，相互の情報連携によって各主体の経営に役立てられるようにすることが課題である。そのため2017年に，農業にかかわる多くの分野の企業や団体，官公庁等が参画して「農業データ連携基盤協議会」が設立され，データの連携，共有，提供を可能にするプラットフォームの構築やその活用が進められている。

図10-3　「スマートフードチェーンシステム」構築の概要

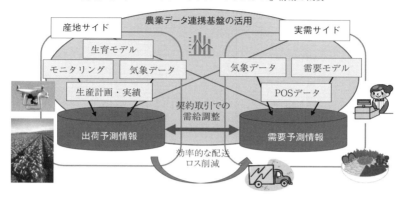

野菜を例として，WAGRI の活用による出荷予測情報と需要予測情報
の連携により，契約取引での需給調整や効率的な配送が可能となる。
（出所）　筆者作成。

注
(1)　農業機械の自動走行技術の詳細は，長坂（2019）等を参照。
(2)　ほ場の生産情報管理に関わる技術の詳細は，吉田（2019）等を参照。
(3)　栽培管理支援システムの詳細は，中川（2019）等を参照。

（松本浩一・菅原幸治）

推薦図書
農業情報学会編（2019）『新スマート農業——進化する農業情報利用』農林統計出版。
農業情報学会編（2014）『スマート農業——農業・農村のイノベーションとサスティ
　　ナビリティ』農林統計出版。
野口伸監修（2019）『スマート農業の現場実装と未来の姿』北海道協同組合通信社。
三輪泰史編・日本総合研究所研究員（2020）『図解よくわかるスマート農業——デジ
　　タル化が実現する儲かる農業』日刊工業新聞社。
神成淳司監修（2019）『スマート農業——自動走行，ロボット技術，ICT・AI の利活
　　用からデータ連携まで』NTS。

練習問題
1．スマートフードチェーンシステムによってどのようなことが可能になるか説明し

なさい。
2．スマート農業を取り入れたフードシステムのメリットを論じなさい。

<table>
<tr><td>第11章</td><td>食料品アクセス問題</td></tr>
</table>

《イントロダクション》

　「買い物難民」あるいは「買い物弱者」という言葉を聞いたことがあるだろうか。これまで近くにあったお店がなくなって，遠方までの買い物を強いられる不便な状況を指す。これは単に買い物にとどまらず，個人の食生活や健康にも悪影響を及ぼすことが確認されている。なかでも，高齢化が進行している日本では今後もこれらの問題がより深刻化するとみられる。ここでは問題の原因や発生場所，規模とともにその動向を確認しながら解決方法について考える。

キーワード：買い物難民，買い物弱者，高齢者の自立度，食品摂取の多
　　　　　　様性，移動販売

1　食料品アクセス問題とは

　現在，全国各地で「シャッター通り」と呼ばれる中心市街地の空洞化が目立つようになっている。同時に，路線バスや鉄道等の地域の公共交通機関の縮小・廃止から，これらに取り残された高齢者において，日常的な食料品の買い物に不便や困難を生じる「買い物難民」あるいは「買い物弱者」といわれる問題が顕在化している。これらの問題は，海外では「フードデザート」（食の砂漠）として，主に低所得地区における健康的な食料品の入手困難性による栄養バランスへの悪影響が懸念されてきた。これら問題の起点にはいずれも住民と店舗の近接性，すなわち食料品へのアクセスが決定的に重要な要因であることから，これらを総称して「食料品アクセス問題」として定義できる。

　食料品アクセス問題が発生する原因であるが，食料品の需給両面から捉えれば，需要面では日本の急速な高齢化が指摘できる。すなわち，食料品全体の需要が縮小する中で，その中核が現役世代から高齢者へと推移していることであ

る。また，高齢者にとって加齢による身体機能の低下は買い物を含めた日常生活がより困難になることを意味している。供給面では，食料品を販売する店舗数が，店舗の閉店により大きく減少していることである。特に，地域密着型の個人商店やローカルスーパーが，郊外の総合スーパー（以下，GMS）や全国チェーンの専門店との競争に敗れ，閉店や廃業に追い込まれた。特に，1990年の大規模小売店舗法の大幅緩和以降，全国各地ではGMSの郊外出店ラッシュから中心市街地の空洞化が一層進行する事態となっている。

　同時に，食料品アクセス問題は高齢者の食生活や健康とも密接に関連していることがエビデンス（科学的根拠）として確認されている。買い物を食品摂取の前段階と捉えれば，買い物の不便や苦労といった主観的な食料品アクセスの制約は，食品摂取の多様性の低下に直結するとともに，高齢者の自立度の低下とも関連していることが明らかになっている。

［2］　食料品アクセスマップの推計

　食料品アクセス問題は日常的な買い物といった流通問題にとどまらず，住民の生活基盤の喪失という地域や社会の問題であり，食生活を通じて影響を及ぼす健康問題としての側面も備えた複雑な問題である。しかし，日本においてこのような食料品アクセス問題の発生場所やその対象，あるいは規模といった具体的な問題の特定や可視化についてはこれまで十分ではなかった。

　農林水産省農林水産政策研究所では，国勢調査及び商業統計メッシュ統計とGISを組み合わせた推計によって，日本全体を500mメッシュ（国土全体を500m四方で区分した単位）でカバーした「食料品アクセスマップ」を作成・公表している（検索：食料品アクセスマップ）。食料品アクセスマップの前提として，居住地から食料品の購入が可能な店舗まで500m以上で自動車利用が困難な65歳以上高齢者を「アクセス困難人口」としている。ここで店舗とは，食肉，鮮魚，果実・野菜小売業，百貨店，総合スーパー，食料品スーパー（以下，スーパー），コンビニエンスストアを指す。

　大まかな推計方法を説明すると，人口の存在するメッシュから最も近い店舗があるメッシュまで500m以上離れている確率を求める。すなわち，この確率

はある地点から最も近い店舗までどの程度離れているかを示す割合であり，確率の高さは店舗までの距離が相対的に遠いことを示している。求められた確率に各メッシュの人口を乗じることでアクセス困難人口が算出される。本来，食料品アクセス問題は住民の買い物の不便さといった主観的要因に起因するが，店舗までの距離や高齢者といった客観的な定義によって，アクセス困難人口が全国のどこに存在するのか，その規模や時系列的な動向が500mメッシュ単位で把握可能となる。

3　日本のアクセス困難人口と動向

　はじめに，食料品アクセス問題の発生場所を食料品アクセスマップで確認する。500mメッシュ単位で算出されたアクセス困難人口を市町村別に集計することで自治体単位のアクセス困難人口が求められる。各市町村における2015年の65歳以上人口に占めるアクセス困難人口の割合をみると，北海道や東北，四国や九州の山間部において高く，関東や都市部の市町村では低い傾向が示されている（図11-1）。

　次に，食料品アクセス問題を規模の点から確認すると，2015年におけるアクセス困難人口は全国で824.6万人と推計され，これは65歳以上高齢者の24.6％，すなわち全高齢者の1/4がアクセス困難人口に相当する（図11-2）。このうち75歳以上のアクセス困難人口は535万5000人であり，アクセス困難人口の64.9％を占め，後期高齢者がアクセス困難人口の主体となっていることがわかる。また，国立社会保障・人口問題研究所の『日本の将来推計人口』を応用した2025年のアクセス困難人口は全国で871万9000人と予測されており，依然として増加基調にあることが示されている。

　ここで，市町村別にアクセス困難人口の動向をみたものが図11-3である。関東7都県において，2005年から2015年の増加率が高いのは都市部の市町村であり，横浜市や千葉市では80％以上の増加が確認されている。一方で，郊外の市町村での増加率は緩やかで，山間部の市町村では減少していることが分かる。この傾向は全国でみても同様で，全国の過半数の市町村では同期間にアクセス困難人口が減少しているのに対し，同期間のアクセス困難人口は全国で21.6％

図 11 - 1　市町村別・アクセス困難人口割合（2015年）

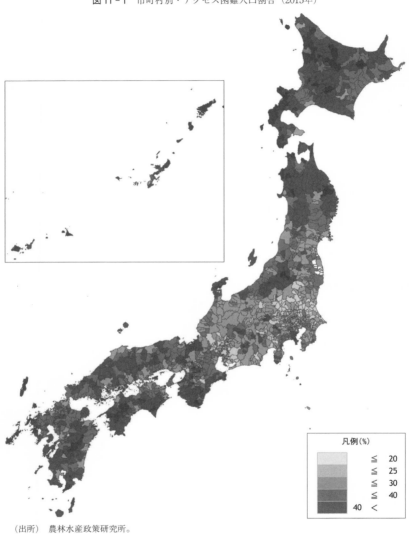

凡例(%)

≦　20
≦　25
≦　30
≦　40
40　＜

（出所）　農林水産政策研究所。

図11-2　アクセス困難人口の推移・予測（2005-25年）

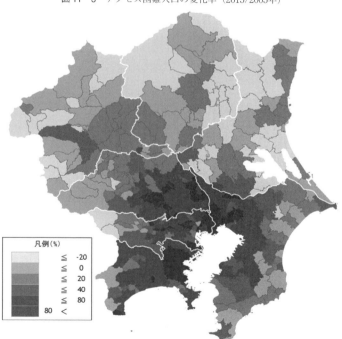

注：カッコ内はアクセス困難人口に占める75歳以上の割合。
（出所）　農林水産政策研究所。

図11-3　アクセス困難人口の変化率（2015/2005年）

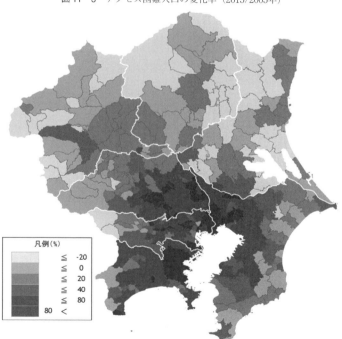

（出所）　農林水産政策研究所。

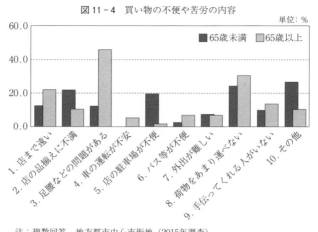

図11-4 買い物の不便や苦労の内容

単位：％

注：複数回答，地方都市中心市街地（2015年調査）。
（出所）農林水産政策研究所。

増加しているが，これらを上回るのは，人口の集中している政令指定都市や県庁所在地などの市町村に限られる。ただし，地方圏の買い物環境が依然として不便なことに変わりなく，この点では高齢者の自動車利用によって支えられていることには留意する必要がある。

（4）高齢者の買い物の実態と自立度，食品摂取

　このようにアクセス困難人口は各種の統計等データから定量的に推計されたマクロ的かつ客観的指標である。しかし，住民にとって買い物の不便や苦労とは，単純に店舗までの距離だけでなく移動手段の有無など，地域や個人によって差が大きい主観的な概念である。そこで，具体的な買い物における不便や苦労について，いくつかの住民調査から確認したところ，65歳未満の現役世代では品揃えや駐車場について関心があるのに対し，65歳以上の高齢者では自身の身体的な問題やサポート不足をあげており，高齢者の買い物の不便さは身体的機能の衰えといった健康と密接に関連していることみられる（図11-4）。

　高齢者の健康の度合いは病気の有無ではなく，地域社会において独力で生活を営む能力として自立度を「活動能力指標」[1]（1～13点）でみることが一般的である。ここで，高齢者の買い物の不便や苦労の有無と自立度の関係をみると，

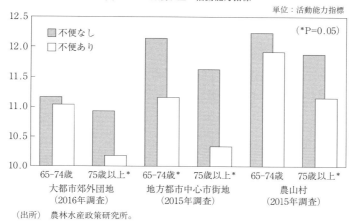

図11-5　65歳以上・活動能力指標

図11-6　65歳以上・食品摂取の多様性得点

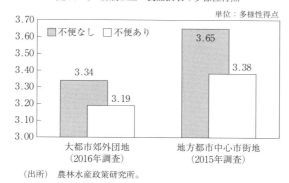

（出所）　農林水産政策研究所。

　地域差があるものの買い物の不便・苦労がある場合，活動能力指標が有意に低いという結果が示された（図11-5）。
　それでは，このような高齢者が実際にどのような食生活を送っているのか。食生活の多様性を推定する「食品摂取の多様性得点」(2)（0～10点）から確認すると，買い物の不便や苦労がある場合には多様性得点が低くなっていることから，日常的な買い物での制約が食品摂取を阻害し，多様性得点を低める可能性が考えられる（図11-6）。

表11-1 取り組み概要

	店舗の設置	住民の移動	商品の配送
都市部	小型店舗	買い物バス	宅配・配送サービス ネットスーパー
農村部	臨時・仮設販売所 直売所等の活用	地域公共交通 (コミュニティ, オンデマ ンド, 過疎地有償運送等)	移動販売 買い物代行

(出所) 筆者作成。

5 食料品アクセス問題解決の対策

そもそも，食料品アクセス問題の起点とは，住民の近くに食料品を購入でき
る店舗がなくなることである。すなわち，食料品アクセス問題の解決には，い
かに採算性を確保しながら食料品を持続的に供給できるかという点に限られる。
このような状況において，食料品アクセス問題において有効と考えられる対策
は大きく地域及び手段に区分できる（**表11-1**）。なぜなら，対策の基盤となる
各種の条件や資源が地域によって大きく異なるからである。この点で，食料品
アクセス問題は都市部と農村部で大きく性質が異なることが指摘できる。

地域別にみると，都市部では相対的に買い物環境に恵まれているため，小型
店舗の設置も可能であり買い物バス等による住民の移動支援といった手段が有
効と考えられる。同時に，都市においては通信販売やネットスーパーでの配送
サービスも有効であるが，アクセス困難人口の対象となる高齢者はこれらサー
ビスの入口となる IT 機器の利用が制約となっている場合が多い。一方，農村
部における買い物環境はそもそも厳しいため，対策としては農産物直売所等の
既存施設の活用とともに自治体等の運営する地域公共交通による住民の移動支
援が考えられる。通信販売等の配送サービスは都市部同様，高齢者にとっては
制約がある他，農村部ではサービス対象外の地域であったり，追加料金のかか
る場合が多いのが実態である。

6 食料品アクセスとフードビジネス

近年，移動販売が農村部のみならず都市部においても食料品アクセス問題の
有効な対策として見直されている。移動販売そのものは古くからあったが，

図11-7　とくし丸のビジネスモデル

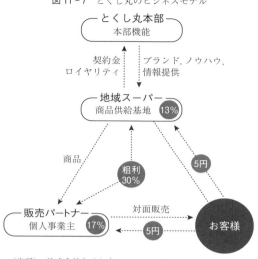

（出所）　株式会社とくし丸ホームページ。

スーパーマーケットや自動車の普及等により減少し，現在では山間部など一部地域だけの特殊な小売業態である。食料品アクセス問題において移動販売が見直された契機とは，ビジネスモデルとも言える新たな販売方法の導入されたことである。

　移動スーパー「とくし丸」では，地域のスーパー等を商品の供給基地としながら，販売パートナーである個人事業主（オーナー）がドライバーとして移動販売を行う独自の仕組みを構築している（**図11-5**）。スーパーにとって移動販売は販売代行であり一定の売上が見込めるとともに，移動販売のドライバーである個人事業主にとってはスーパーから鮮度の高い商品を安定的に仕入れることができる。同時に，とくし丸では徹底したマーケティングのもと顧客を想定した商品のみが積み込まれており，その点ではお得意さん向けの巡回販売というのが実態である。そのため商品の売れ残りもほとんど発生せず，仮にあったとしてもスーパーへの返品できるので廃棄ロスも発生しない。

　とくし丸のビジネスモデルとして最もユニークな点は「プラス10円ルール」として1商品につき10円を販売価格に上乗せしていることである。これは顧客まで商品を届ける手数料であるが，同時に移動販売を継続させる原資となる。

とくし丸の顧客にとっては10円の負担感よりも実際に商品を選んで購入するメリットは大きい。また，とくし丸では個人商店の300m圏内では営業しないなど地域への配慮も欠かさない姿勢をとっている。近年では，地域のスーパーが自社でとくし丸を展開する場合や自治体の補助で導入する場合など多様化が進むとともに，大手コンビニチェーンも独自に移動販売に参入するなど拡大が進行している。

　食料品アクセス問題とは，高齢化や人口減少といった既に日本が直面している様々な問題の一部分であり，同時に買い物だけでなく医療や教育といった日常生活に連続した地域問題でもある。その意味では，食料品アクセス問題が地域の持続可能性にも影響する可能性もあり，その解決には多様な主体や分野での長期的な取り組みが求められるのである。

　注
⑴　「活動能力指標」とは手段的日常動作とも呼ばれ，日常生活を自己完結できる「手段的自立」（5点），知的な活動能力の「知的能動性」（4点），地域社会で利他的に行動できる能力の「社会的役割」（4点）の3部門から構成され，各質問に該当する場合を1点として合計13点となる。すなわち，65歳以上の高齢者においてその自立度が高いほど，13点に近い値をとる指標である。
⑵　食品摂取の多様性得点とは，肉類，魚介類，卵，牛乳，大豆・大豆製品，緑黄色野菜類，海藻類，果物，いも類，および油脂類の10食品群のそれぞれについて，ほぼ毎日摂取していれば1点として得点化したもので，最小ゼロで最大10点の値をとる。

（高橋克也）

推薦図書

杉田聡（2013）『「買い物難民」をなくせ！消える商店街，孤立する高齢者』中公新書ラクレ。
岩間信之編著（2017）『都市のフードデザート問題――ソーシャル・キャピタルの低下が招く街なかの「食の砂漠」』農林統計協会。
高橋克也編（2020）『食料品アクセス問題と食料消費，健康・栄養』筑波書房。

練習問題

1．あなたの居住する市町村について，直近10年間の食料品を販売する店舗数（小売業態別）と65歳以上人口の推移を確認しよう。

2．農林水産政策研究所ホームページより，あなたの市町村のメッシュ別の食料品アクセスマップをダウンロードし，自宅とその周辺のアクセス困難人口の割合を確認しよう（検索：食料品アクセスマップ）。

第12章

食品安全問題

《イントロダクション》

　食品の安全性の確保は，人々の生命と健康の保護のため，国際的に重要な課題となっている。本章では，食品の安全性確保のための考え方と制度について概説する。加えて，トレーサビリティの仕組みや食品表示が食品安全確保にどのように寄与するのかについて検討する。また，食品安全問題をめぐる消費者の認知や行動についても解説する。これらを通じて，食品安全確保におけるフードビジネスの役割について考えたい。

キーワード：リスクアナリシス，リスク評価とリスク管理，リスクコ
　　　　　　ミュニケーション，HACCP，リスク知覚，トレーサビリ
　　　　　　ティ，食品表示

1 食品の安全性確保の考え方

　国際貿易の拡大や，農畜産業の集約化・産業化，食生活の変化，新たな生産・加工・調理技術の普及，そして耐性菌や新興ウイルス・細菌の出現などを背景に，新たな食品安全上の問題が発生する可能性が増している。これに対して，日本を含む多くの国で食品の安全性確保のための国際的な枠組みが導入され，定着が図られてきた。食品安全確保のためのシステムは，第一には消費者の生命と健康の保護に寄与するものだが，同時に食に対する消費者の信頼の維持につながるとともに，国内取引・国際貿易における食品安全上の規制の根拠となり，経済的発展にも貢献しうる（FAO/WHO 2006）。

　食品安全確保の手法として，従来は，最終製品の検査による手法が主流をなしていた。しかし，生産から消費までのフードチェーン全体のプロセスを通したアプローチが，より有効であると考えられるようになってきた。また，国レベルの食品安全確保のシステムにおいては，「科学に基づく」政策をとる必要

があるということが国際的な合意となっている。さらに，フードチェーンにか(1)かわるすべての利害関係者の意見・情報の交換が重視されている。こうした考え方を背景に，科学に基づいて食品安全政策を立案・実施し，関係者間で意見・情報を交換する「リスクアナリシス」の枠組みが提示されている。

　食品安全確保のためのシステムにおいては，「リスク」を低減する／管理するという考え方がとられている。「リスク」の定義は，学問分野や研究者によって異なるが，食品安全の分野においては，「食品中にハザード（危害要因）が存在する結果として生じる健康への悪影響の可能性（確率）とその影響の重大さの関数」（Codex 2007）とされている。「ハザード」とは，「健康に悪影響をもたらす原因となる可能性のある，食品中の生物学的・化学的・物理的な物質または食品の状態」（Codex 2007）のことをいう。食品中のハザードは，生物学的ハザード，化学的ハザード，物理的ハザードに分類される。生物学的ハザードには，腸管出血性大腸菌などの病原性をもつ細菌や，ノロウイルスのようなウイルス，寄生虫，BSE の原因物質とされる変異型プリオンなどが含まれる。化学的ハザードには，ダイオキシンなどの環境汚染物質，意図して使用される食品添加物や残留農薬，食品に元来含まれる自然毒やアレルゲンなどがある。また，物理的ハザードには，金属片やガラス片などが含まれる。

　これらのハザードは，環境中や食品製造工程から完全に排除できるわけではない。例えば，環境中や家畜の体内には微生物が存在し生態環境を維持しており，有害微生物のみを完全に排除することは困難である。一定量を摂取することには利益があるが，それを超える量の摂取により健康被害が生じるような物質もある。したがって，危害を及ぼす程度（ハザードの摂取量に対して健康被害が現れる程度はどのくらいか，実際のハザードの摂取量はどのくらいか）を特定することが重要となる。そこで，悪影響が起こる可能性と重篤さの尺度である「リスク」の概念が導入され，リスクを科学的に評価し，社会的に許容可能なレベルに管理するという考え方がとられる。多種多様なハザードに対して，「リスク」という共通の尺度の導入により，経済的・人的資源の制約の中で，リスクの高いものから優先的に対策を講じることが可能になっている。

　食品の安全性の確保に対しては，生産から消費に至るまでのすべての関係者，

すなわち，生産者，加工・製造業，流通業，外食産業，消費者，及び規制機関（政府）が責任を共有し取り組む必要がある。政府は，食品リスク管理のための制度や規制措置を講じる責任を有する。また，生産・製造・流通の現場，すなわちフードビジネスの事業者は，自らが関わる工程において，リスクを低減するための適切な衛生管理を行う責任をもつ。さらに，消費者もまた，食品安全問題をめぐって冷静な判断や行動をとることが求められる。

　国際レベルでは，WHO（世界保健機関），FAO（国連食糧農業機関），OIE（国際獣疫事務局），IPPC（国際植物防疫条約事務局），WTO（世界貿易機関），OECD（経済協力開発機構）及びコーデックス委員会（CAC：Codex Alimentarius Commission）が連携して，食品リスク管理の活動を行っている。コーデックス委員会とは，消費者の健康保護と食品の公正な貿易の確保を目的に，FAOとWHOにより1963年に設立された組織である。食品の国際規格やガイドラインの策定等を行っている。国際貿易において食品安全上の紛争が起こった際には，このコーデックス規格が参照される。

［2］　食品の安全性確保のためのシステム：リスクアナリシス

　リスクアナリシスとは，「リスク評価」「リスク管理」「リスクコミュニケーション」の3つの要素からなる意思決定プロセスである。コーデックス委員会が，コーデックス委員会内部（国際レベル）及び各国政府（国レベル）に対してその手順を示している。「リスク評価」は，リスクの科学的評価を行うプロセスである。「リスク管理」は，リスク評価結果とその他の社会的・経済的・文化的・倫理的要因を踏まえて，リスク低減のための政策・措置を選択・実施し，モニタリングを行うプロセスである。「リスクコミュニケーション」は，リスクアナリシスの全過程を通じて，リスク評価者やリスク管理者，消費者，業界，学界，その他の利害関係者の間で，リスクやその関連因子，認知について情報や意見を相互に交換することをいう。交換される情報には，リスク評価の知見や，リスク管理措置の決定の根拠の説明なども含まれる（FAO/WHO 2006）。

　日本においては，BSE問題の発生を機に食品安全行政が改編され，食品安全基本法（2003年制定）によりリスクアナリシスが導入された。食品安全委員

会がリスク評価を行い，厚生労働省と農林水産省，消費者庁がリスク管理の役割を果たしている。なお，国際レベルでは，FAO/WHO 合同専門家機関がリスク評価を担い，コーデックスの諸部会がリスク管理を担当している。

(1) リスク管理の初期作業

リスクアナリシスは通常，「リスク管理の初期作業」から始まる（図12-1）。食品安全上の問題が特定され，科学的知見や各国の規制措置・リスク評価結果をもとにリスクプロファイルが作成される。リスク管理者は，これをもとにリスク管理目標を定め，リスク評価の必要性を検討する。リスク評価が必要と判断された場合には，リスク評価機関にリスク評価を依頼する。リスク評価後は，評価結果を検討して，必要に応じてリスクの優先順位付けを行う。

(2) リスク評価

リスク評価は，「ハザード同定」「ハザード特性の描写」「暴露評価」「リスク特性の描写」の4つのプロセスから成る（図12-1右上）。ハザードの特徴に応じて異なるアプローチがとられるが，ここでは，化学物質の一般的なリスク評価の例を取り上げることとする。

化学物質のリスク評価においては，関連情報を整理したうえで（「ハザード同定」），ハザードに起因する健康影響の評価（「ハザード特性の描写」）と，ハザードの実際の摂取量の推定（「暴露評価」）が行われる。

「ハザード特性の描写」においては，動物実験や疫学調査データをもとに，ハザードの摂取量に対して健康影響がどのくらいの確率で現れるか（用量−反応関係）が解析される。有害化学物質には，（ⅰ）微量の摂取であれば健康影響が現れず，一定量（閾値）を超えると健康影響が現れ始める物質と，（ⅱ）微量でも健康影響が現れ始める物質（遺伝子損傷性の発がん物質など）とがある。

（ⅰ）の場合には，まず，動物実験において全く影響が観察されなかった「無毒性量」（NOAEL）が推定される。これは実験動物で得られた値であるため，動物とヒトの種差と，ヒトの中での個人差を考慮した安全係数100で除して，人が毎日一生涯食べ続けても健康に影響が現れないと考えられる量（1日当たり・体重1kg当たり）が算出される。この値は，「1日摂取許容量（ADI）」（意図して使用する食品添加物や農薬の場合）または「耐容1日摂取量（TDI）」（意

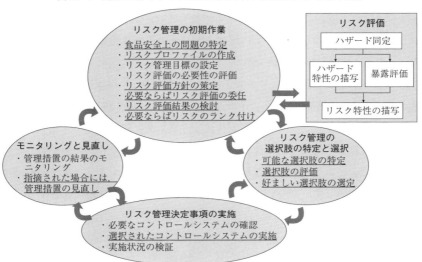

図 12-1　食品リスクアナリシスにおけるリスク管理とリスク評価の要素

注：下線はリスクコミュニケーションが必要とされるステップであることを表す。
（出所）　FAO/WHO（2006）および新山（2012）をもとに筆者作成。

図して使用しない重金属やカビ毒などの場合）と呼ばれる。他方，（ⅱ）微量でも
健康影響が現れる物質の場合には，無毒性量を推定することができない。その
ため，影響発生率が５％あるいは10％になる用量を解析し，さらにデータのば
らつきを考慮して安全側に立った値（BMDL：ベンチマーク用量信頼下限値）を推
定する方法がとられる。

　ハザード特性の描写と暴露評価の後，「リスク特性の描写」が行われる。１
日摂取許容量（ADI）や耐容１日摂取量（TDI）が推定されている場合には，実
際の摂取量がそのレベルを超えていないかどうかが判定される。BMDL が推
定されている場合には，BMDL に対する実際の摂取量の比（暴露幅）が算出さ
れ，リスクレベルの判定がなされる。

　（3）　リスク管理の選択肢の特定と選択

　リスク評価結果をもとに，リスク管理の選択肢が特定される。リスク低減効
果の大きい措置を中心に，実行可能性や費用対効果，公平性，倫理性，新たな
リスクが発生しないかどうか等が考慮され，措置の決定に至る。

⑷　リスク管理決定事項の実施

　リスク管理措置には，様々なアプローチが存在する。食品添加物や残留農薬
の場合には，１日摂取許容量（ADI）に基づいて残留基準と使用基準が設定さ
れ，事業者による使用基準の順守と検査によってリスクが制御される。１日摂
取許容量（ADI）／耐容１日摂取量（TDI）を設定できない環境汚染物質の場合
には，リスクを特定の水準以下に抑える基準値が設定されることもあれば，実
行可能な最低レベルに基準値が設定されることもある。[(2)]また，食品の調理中に
産生されるアクリルアミド[(3)]のケースでは，事業者向けのガイドラインによる措
置がとられている。鶏肉中のカンピロバクター・ジェジュニ／コリのケースで
は，鶏肉生食リスクに関する事業者・消費者に対する注意喚起がなされている。

⑸　モニタリングと見直し

　あるリスク管理措置が選択され実施されても，リスクアナリシスが終了する
わけではない。リスク管理措置が意図する結果をもたらしているか否かのモニ
タリングが行われ，結果によっては，管理措置の見直しが行われる。新たな科
学的データをもとにリスク管理及び評価のプロセスが再度展開されることもあ
る。緊急を要する問題の場合には，リスクアナリシスのプロセスを進めながら，
リスク評価結果を待たずに暫定的な管理措置を決定し実施することもある。

　また，図12-1において下線を付したステップは，効果的なリスクコミュニ
ケーションが必要とされるステップである。リスクコミュニケーションの目的
は互いの理解を進め尊重することにあり（FAO/WHO 2006），コミュニケー
ションの結果をリスク管理に活かすことが目指されている。しかし，現状の日
本の食品リスクコミュニケーションには課題がある。リスク評価者と管理者の
間のリスクコミュニケーションが十分でないという問題点があるほか，行政・
専門家と消費者の間のコミュニケーションの双方向性の確保が課題となってい
る。

３　包括的なリスク管理措置としての HACCP

　リスク管理措置は，特定のハザードについての特定の段階（出荷時など）で
の基準値設定と検査という形態で設定されることが多い。しかし，前述のとお

り多様なアプローチが存在し，さらには，生産・製造・流通の衛生規範による[(4)]包括的な管理措置が重視されつつある。

　基準値設定による措置は，食品のサンプリング検査を行って汚染濃度が基準値を超える食品を排除することにより，市場に流通する食品の安全性を担保する方法である。しかし，食品全体の汚染レベルが高い場合には，その多くが基準値超過となり，市場に流通する前に大部分を排除することとなる。この点で，基準値設定単独のアプローチには限界がある。他方，衛生規範による包括的な管理措置は，生産者やフードビジネスの各事業者が，そもそも基準値超過が起きないように衛生規範に基づいて作業環境・工程を管理する方法であるため，食品全体の汚染水準の低減を実現できる。それぞれの措置の効果を勘案すると，基準値設定と衛生規範による管理措置を組み合わせることが有効と考えられる。

　2011年の原子力発電所事故後，食品中の放射性物質濃度の基準値が設定され公的な検査が実施されてきた。その際，同時に取り組まれた農場段階での除染作業が，食品の汚染レベルの低減に大きな役割を果たしたことからも，生産・製造・流通段階の包括的な管理措置の重要性を読み取ることができるだろう。

　包括的な管理措置のシステムとして，衛生的な原材料の使用を前提に，作業環境の衛生（「一般衛生管理」），さらに，食品の取り扱いの衛生（「HACCP」による衛生管理）が求められている。

　「一般衛生管理」は，製品が施設・設備，作業員によって汚染されることを防止するもので，施設・設備，使用水の衛生管理，検査設備の保守点検，作業員の衛生管理，さらに製造工程の基本的な管理を含む。一般衛生管理の作業規[(5)]範はGHP（適正衛生規範）と呼ばれ，その農業生産段階の規範はGAP（Good Agricultural Practice：適正農業規範）と呼ばれる。

　「HACCP（Hazard Analysis Critical Control Point：危害分析重要管理点）」は，一般衛生管理を前提に，重要なハザードにターゲットを絞り，重要な管理点で集中的に管理する工程管理の方式である。その導入においては，フードビジネスの事業者自らがハザード分析を行って重要なハザードを特定し，重要管理点（加熱工程等）と，その管理基準（加熱温度等），管理基準のモニタリング方法（温度計測方法等）を設定する。また，製造工程において管理基準を逸脱した場

合にどのような措置をとるかについても設定する（加熱温度が基準に達しない場合には廃棄／再加熱する等）。加えて，HACCP システムが有効に機能しているかどうかの検証方法や記録文書の保管方法についても定めることが求められる。なお，「重要管理点」とは，その管理を逃せば許容しがたい健康被害や品質低下を招くおそれのある管理ポイントのことを指す。

　HACCP に関しては，コーデックス委員会が 7 原則12手順を提示しており，欧州連合をはじめ主要な国・地域で義務化されている。他方，日本においてHACCP は，2010年代までは，厚生労働省による認証制度や自治体や民間機関による認証（ISO22000認証を含む）に後押しされる自発的な取り組みに過ぎず，中小企業における導入が伸び悩む状況にあった。そうした国内外の情勢を背景に，2018年 6 月の食品衛生法改正により，原則としてすべての食品等事業者に対して一般衛生管理と「HACCP に沿った衛生管理」の実施が義務化されることとなった。ただし，小規模な事業者や一定の業種の事業者に対しては，「HACCP の考え方を取り入れた衛生管理」（取り扱う食品の特性に応じた取り組み）が認められている。

［ 4 ］ 危機管理とトレーサビリティ

　食品のトレーサビリティは「生産，加工及び流通の特定の 1 つまたは複数の段階を通じて，食品の移動を把握できること」（2004年コーデックス委員会総会）と定義されている。生産履歴の公表や食品安全と結び付けて考えられがちであるが，その本質は，食品の移動を追跡・遡及できるようにすることである。

　トレーサビリティにおいては，以下の 2 点による移動の追跡・把握が求められる。第一は，原料ロット（識別の単位）をどこから仕入れ，製品ロットをどこに販売したのか，記録をもとに特定できるようにすることである。第二は，どの原料ロットからどの製品ロットを作ったのかを，記録をもとに特定できるようにすることである。

　食品安全確保のためのリスク管理措置を行っていても，ヒューマンエラー等によって食品事故が起こる可能性がある。事故が起こったときには，流通過程や消費者の手元にある製品を迅速に回収して健康被害の拡大を防止することが

肝要であり，そのためには，汚染の可能性のある製品の流通先を特定しなければならない。そこで役割を果たすのが，トレーサビリティである。特定の原料に問題が見つかった場合には，第一の点での移動を把握できれば，対象製品の全量回収によって確実に回収ができる。さらに，第二の点での移動も把握できていれば，汚染の可能性のある対象ロットに絞った回収が可能になる。衛生管理記録・製造記録と製品ロットとの対応づけがなされていれば，事故の原因究明にもつながる。トレーサビリティの確保は，食品安全水準の向上に直接的に結び付くわけではないが，危機管理において重要な機能を果たすといえる。

　日本においては，BSE 発生を契機として，2003年に牛肉のトレーサビリティが義務付けられた（牛の個体識別のための情報の管理及び伝達に関する特別措置法）ほか，2010年より米・米加工品のトレーサビリティが義務付けられている（米穀等の取引等に係る情報の記録及び産地情報の伝達に関する法律）。また，2020年12月に公布された「特定水産動植物等の国内流通の適正化等に関する法律」により，特定の水産物について取扱事業者間での漁獲番号等の情報伝達，取引記録の作成・保存，輸出入時の漁獲証明の添付等が義務づけられることとなったが，そこではトレーサビリティが不可欠になる。加えて，食品衛生法のもと，食品全般の仕入元及び出荷・販売先等に係る記録の作成・保存が食品事業者の努力義務とされている。

⑤ 食品表示と食品の安全性

　国レベル及び事業者レベルのリスク管理によって，市場に流通する食品は安全性が担保されていなければならない。その前提に立ったうえで，食品の表示の役割とは何だろうか。食品表示は，消費者が食品を選択する際にその品質を適切に理解し，摂取する際の安全性を確保するための重要な情報源となる。事故が発生した場合には，その原因究明や製品回収などの行政措置を迅速かつ的確に行うための情報にもなりうる。

　食品の表示に関しては，従来，食品衛生法，JAS 法（農林物資の規格化及び品質表示の適正化に関する法律），健康増進法の3法令により個々に定められていたが，2015年にそれらを一元化した食品表示法が施行された。食品表示法は，

「食品に関する表示が食品を摂取する際の安全性の確保及び自主的かつ合理的な食品の選択の機会の確保に関し重要な役割を果たしていることに鑑み，販売の用に供する食品に関する表示について，基準の策定その他の必要な事項を定めることにより，その適正を確保し，もって一般消費者の利益の増進を図る」とともに，「国民の健康の保護及び増進並びに食品の生産及び流通の円滑化並びに消費者の需要に即した食品の生産の振興に寄与すること」を目的とするとしている（以上，食品表示法より抜粋）。

　具体的な表示事項としては，食品の名称，原産地（生鮮食品），原材料名，遺伝子組換え表示，原料原産地名，添加物名，アレルゲン，賞味期限・消費期限，保存方法，栄養成分，事業者の名称・所在地などがある。食品のカテゴリーごとの具体的な表示ルールは「食品表示基準」に定められ，食品の加工・製造業者，輸入業者，販売業者に対して，その遵守が義務付けられている。

　様々な表示のうち，食品の安全性確保に関わる表示は，アレルゲン表示，消費期限表示，保存方法に関する表示である。アレルゲン表示は，特定の集団にとってのリスクを低減する機能を果たし，消費期限表示及び保存方法にかかる表示は，家庭での食品の取り扱いにおけるリスクを低減する機能を担っているといえる。

6 食品リスク知覚と風評被害

　ここで，食品安全問題をめぐる消費者の認知と行動に目を向けてみたい。一般の消費者は，科学的なリスク評価とは異なる枠組みでリスクを知覚し判断している。その主観的なリスク評価は，「リスク知覚（またはリスク認知）risk perception」と呼ばれる。消費者のリスク知覚は，概して次の2点に特徴づけられる。第一に，人間の情報処理の特徴として，簡便な情報処理（「ヒューリスティクス」と呼ばれる）を行うという点である。第二に，人は，悪影響の確率と重度さだけでなく，むしろ恐ろしさや将来世代への影響，制御可能かどうか，人工的なものかといった質的な要素を幅広く考慮してリスクを判断しており，その判断は，世界観や信頼，感情によって影響を受けているという点（Slovic 1999）である。加えて，専門家のリスク知覚も状況依存的であり，専門分野外

であれば素人としてのリスク判断となることが指摘されている（Slovic 1999）。リスクコミュニケーションにおいては，こうしたリスク知覚の特徴を考慮し，コミュニケーションの内容や方法を工夫することが必要である。

　食品に関しては一般に，自然由来のリスクは低く，人為的ハザードのリスクは高く見積もられる傾向がある（畝山 2009）。しかし，自然由来でも毒性をもつ場合やアレルゲンとなる場合があり，自然由来であることを理由にリスクが低いとはいえない。また，悪影響のイメージ想起が，食品のリスク判断に対して支配的な影響を及ぼしていることが報告されており（新山他 2011），さらに食品購買行動を左右することがある。2011年の原子力発電所事故後，放射性物質による重篤な健康影響のイメージがリスク知覚に影響を及ぼし，その結果，特定産地の買い控え行動が生まれていたとみられる。個々の消費者の行動により，いわゆる「風評被害」が生まれる状況があったといえる。

　関谷（2003）の定義によれば，風評被害とは，「ある事件・事故・環境汚染・災害が大々的に報道されることによって，本来『安全』とされる食品・商品・土地を人々が危険視し，消費や観光をやめることによって引き起こされる経済的被害」のことをいう。食品安全問題における風評被害は，特定の品目や産地が危険視され，本来は「安全」とされる（リスクが制御されている）食品であるにもかかわらず，買い控えの対象となり，生産者に経済的被害が及ぶ現象として現れる。こうした風評被害は，消費者による買い控えだけでなく，製造業者や流通業者が仕入れを控える行動からも生じる可能性がある。フードビジネスの立場にあっては，生産から消費までの各段階の状況を踏まえて，バランスのとれた冷静かつ責任ある行動をとることが求められよう。

7　食の安全とフードビジネス

　食品安全確保や食品安全問題をめぐるフードビジネスの役割とは，何だろうか。ここでは，前節までの内容をもとに検討してみたい。

　まず，食品のリスクアナリシスの下で求められる役割として，フードビジネスの現場で行うべきリスク管理措置の実行が挙げられる。とくに，個々の食品事業者においては，衛生規範による包括的な管理措置が重要になるといえる。

リスクコミュニケーションに積極的に参画し，関係者間の相互理解を深め，かつ，リスク管理に貢献していくことも求められる。また，リスクアナリシスの枠外にはなるが，トレーサビリティの確保による危機管理への備えも，消費者の健康保護のために重要な取り組みであるといえる。

　さらに，フードビジネスの各事業者は，食品安全問題をめぐり，生産から消費までのフードチェーンの状況を踏まえて，どのような経営行動をとるのかという点も問われている。生産から消費までの諸段階の関係者とコミュニケーションを図りながら，フードチェーンを構成する一事業者として，倫理的かつ責任ある行動をとることが望まれる。

注
(1)　WTO（世界保健機関）の SPS 協定（衛生と植物防疫措置に関する協定）において，加盟国政府が消費者の生命や健康を保護する措置をとる権利が認められているが，その措置が科学に根拠をおいていること，不必要に貿易を阻害しないことが条件とされている。
(2)　無理なく合理的に達成可能な限り低く抑えるアプローチは，ALARA（As Low As Reasonably Achievable）アプローチと呼ばれる。
(3)　アクリルアミドとは，加工食品中に含まれる有機化合物で，ヒトに対しておそらく発がん性があるとみなされている。食品中のアスパラギンと還元糖が加熱によりメイラード反応を起こす過程で生成されると考えられている（農林水産省 (2015)「食品安全に関するリスクプロファイルシート（化学物質）」）。
(4)　食品の衛生的な取扱いのための原則・指針のことで，国（厚生労働省）やコーデックス委員会により示されている。
(5)　コーデックス委員会により国際的な規範が示されている（Codex 2003）。

（鬼頭弥生）

推薦図書
斎藤修監修，中嶋康博・新山陽子編（2016）『フードシステム学叢書 第 2 巻 食の安全・信頼の構築と経済システム』農林統計出版。
新山陽子編（2010）『食品安全システムの実践理論』昭和堂。
畝山智香子（2009）『ほんとうの「食の安全」を考える──ゼロリスクという幻想』

化学同人。

熊谷進・山本茂貴編（2004）『食の安全とリスクアセスメント』中央法規。

練習問題

1．食品の安全性確保のための「リスクアナリシス」の3つの要素とその流れについて，説明してみよう。

2．フードビジネスの個々の事業者において，食品の安全性確保のためにどのような取り組みが必要となるだろうか。具体的な事業者を1つとりあげ，その事業者の扱う食品や工程の特徴を踏まえながら，テキストの内容に基づいて検討し，説明してみよう。

<table>
<tr><td>第13章</td><td>食をめぐる環境問題</td></tr>
</table>

《イントロダクション》

　2015年に国連サミットで SDGs が採択され，企業においても環境問題に配慮した行動がますます求められるようになってきた。食関連企業も様々な側面から環境問題に対応する必要がある。本章では，食品ロス問題や食品の使い捨てプラスチック製容器・包装の問題をとりあげ，現状を概説するとともに，関連する法律や取り組みの動向を紹介する。

キーワード：食品ロス，食品廃棄物，プラスチック製容器包装，SDGs，
　　　　　　3R，食品リサイクル法，食品ロス削減推進法，容器包装
　　　　　　リサイクル法，フードバンク，レジ袋有料化

1　フードビジネスをめぐる環境問題

　地球温暖化，森林破壊，砂漠化，海洋汚染，野生生物絶滅。これらの問題は，エネルギー産業や重工業の話，遠い開発途上国の話，と感じるかもしれない。しかし，食料の生産，加工，流通，消費，そして廃棄のプロセス全体を通して，有限な資源が大量に消費され膨大な温室効果ガスが排出されている。また食品の容器や包装の一部は海に流れ込み，海洋生物の生態系に深刻な影響を与えている。環境問題と我々の食生活は深くかかわっているのである。

　2015年には，国連サミットで「持続可能な開発のための2030アジェンダ」が採択され，そこには持続可能な開発目標（Sustainable Development Goals：SDGs）が記載された。SDGs は，国連加盟国が持続可能なよりよい世界を目指して掲げた，2030年までに達成すべき目標だが，その17の目標に環境問題にかかわる項目が多く含まれており，それらへの対応が政府や企業に求められている。本章では，フードビジネス分野に求められる対応の中でも，特に近年関心の高まる食品ロス・食品廃棄物と，使い捨てのプラスチック製容器包装に焦点を当て

てみていきたい。

食品ロス・食品廃棄物

(1) 食品ロス・食品廃棄物とは何か

　農産物，畜産物，水産物には，皮や芯，骨などの不可食部と，それ以外の可食部があるが，「食品ロス」とはそのうちの可食部の廃棄のことである。何を可食部とし何を不可食部とするかという基準は，食品ロスの調査を行う主体によって違うことが多いが，農林水産省が一般家庭を対象に実施した食品ロス統計調査は，文部科学省が公表する日本食品標準成分表に記載されている，各食品の「廃棄率」に基づき，可食部と不可食部を分けている。本来は可食部であったが，腐敗等によって食べられなくなったものも，食品ロスである。

　食品ロスと似た言葉として「食品廃棄物」というものもあるが，これは食品由来の廃棄物全般であり，不可食部・可食部両方が含まれる。すなわち食品ロスは食品廃棄物の一部である。

(2) 廃棄されている食料の量

　日本では，食品廃棄物，食品ロスの発生量は，農林水産省及び環境省が調査に基づき推計している。2016年度には国内及び海外から年間8088万トンの食料が調達されたが，そのうち食品廃棄物は2759万トン，その中の食品ロスは643万トンであった。農林水産省の統計によれば2019年の日本の米の生産量は776万トンだが，食品ロス量はそれに迫るほどである。なおこの食品ロス量の推計には，産地で出荷されることなく廃棄される農畜水産物は含まれていない。

　図13-1は排出主体別にみた食品廃棄物と食品ロスの割合である。食品廃棄物についてみると食品製造業が59％と多いが，食品ロスについてみると一般家庭が45％と多くなっている。

　国連食糧農業機関（FAO）は世界全体での食品ロス（FAOのレポートではfood loss and waste と呼ばれる）の量を推計しているが，その量は食料のおよそ3分の1，年約13億トンに上る（FAO 2011）。ヨーロッパや北アメリカ・オセアニアは，アフリカや南アジア，東南アジアと比較して食品ロスが多く，一般家庭のロスの割合が高い（図13-2）。食品ロス量は国・地域によって推計方法

図13-1　食品廃棄物と食品ロスの内訳（平成28年度推計）

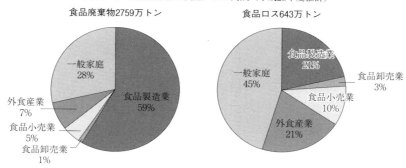

（出所）　農林水産省 HP　PDF「食品ロス及びリサイクルをめぐる情勢」に基づき筆者作成。

図13-2　世界の食品ロスの発生量

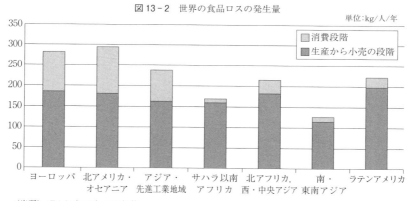

（出所）　FAO（2011）から転載。

が異なるため，日本における推計量と FAO による推計量を比較することには慎重になるべきだが，一般家庭で捨てられる食品が多いという傾向は，日本だけでなくその他の先進国でも同様といえそうである。

(3)　食料を捨てることの何が問題か

　国連の組織「気候変動に関する政府間パネル」（IPCC）が2019年に発表した特別報告書「気候変動と土地」によれば，食料の生産から消費までを含むフードシステム全体から排出される温室効果ガスは，世界の総排出量の21～37％だが，その一部は食品ロスとなった食料の生産，加工，流通により発生したものであり，その量は総排出量の8～10％に相当する。また日本では食品ロスを含

む食品廃棄物はほとんどが焼却処分されているが，それらは水分を多く含むため，収集運搬や焼却に余分に化石燃料が必要になり，それに伴い排出される温室効果ガスも多くなる。

　食品ロスは，将来的な食料不足という観点でも問題とされる。今後も世界の必要食料量は増加するが，食料生産に必要な農地，水，肥料，水産資源，化石燃料は有限で食料生産量には限界がある。そのため，食料を効率的に利用する必要があるのである。農地開拓による森林伐採や，農薬や肥料による水質汚染なども起こっており（栗山 2017），食品ロスはそのような問題も加速させる。

(4)　食品ロスの発生要因

　農産物の産地では，規格に合わない農産物が廃棄されたり，市場での価格下落を避けるため農産物が廃棄されたりしている。水産業でも規格に合わない水産物や消費者になじみのない魚が出荷されることなく廃棄されている。畜産業では，病気により家畜が死亡したり殺処分されたりすることがあるが，これも食料のロスと考える場合がある（FAO 2011）。

　食品製造業，卸売業，小売業においては，製造過程で発生する規格に合わない製品や売れ残りが食品ロスとなっている。売れ残りについては，業界内で欠品が許されないため多めに在庫を持つ，新製品は需要の予測が難しいなどの事情や，定番カット（新商品販売や規格変更に合わせて既存商品が販売されなくなること），製造業者が出荷可能な最小ロットと卸売業，小売業側の注文量と間のミスマッチもある。特定の商品を大量に陳列する量販店の販売戦略や，「コンビニ会計」と呼ばれるコンビニエンスストア本部と加盟店間の利益分配方式も売れ残りを増加させる（小林 2018）。

　納品期限・販売期限の問題もある。日本では「3分の1ルール」と呼ばれる業界内の商慣習が存在し，そのルールでは，食品の製造日から賞味期限までの期間を3等分し，製造日から3分の1経った日付以降は小売業者に納品できず，3分の2以降は小売の店頭から撤去する（図13-3）。アメリカでは小売業者への納品は2分の1経った日付まで可能といわれており，[1]日本の厳しいルールが食品ロスを増加させている。

　外食産業では，食材や作り置きの過剰在庫や客の食べ残しが，食品ロスとし

て発生している。農林水産省によ
る食品ロス統計調査によれば，食
べ残しは一般的な食堂・レストラ
ンと比較し，結婚披露宴，宴会，
宿泊施設で多いという。客による
食べ残しの持ち帰りについては，
禁止する法律上の規定はないもの
の，日本は気温や湿度が高いこと
などを背景に，事業者は食中毒リ

図13-3　3分の1ルールによる期限設定の概念図

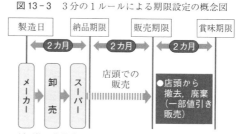

（出所）　農林水産省HP PDF「食品ロスの削減に向け
て」（2020年5月30日閲覧）より一部抜粋して転
載。

スクを懸念し持ち帰りに消極的である場合が多い。

　一般家庭の食品ロスは，直接廃棄（期限切れ等により利用せずに廃棄したもの），
過剰除去（皮の厚剥きなど），食べ残しという分類がなされている。直接廃棄の
原因には，無計画な購買・調理，不適切な保存方法や在庫管理，まだ食べられ
るものを食べられないと誤って判断して捨ててしまうことなどがある（野々村
2020）。過剰除去が生まれる原因としては，そのように除去するのが当たり前
になっていたり，可食部を無駄にしないように下処理することを面倒に感じた
りということがある。食べ残しは，子どものいる世帯で多いとの指摘がある。

（5）　食品リサイクル法と食品ロス削減推進法

　食品ロス・食品廃棄物にかかわる法律には，2001年に施行された「食品循環
資源の再生利用等の促進に関する法律」（略称「食品リサイクル法」），及び2019
年に施行された「食品ロスの削減の推進に関する法律」（略称「食品ロス削減推
進法」）がある。

①　食品リサイクル法

　食品リサイクル法は，食品関連事業者を対象として，食品廃棄物の発生抑制，
再利用を促進することを目的とした法律である。「食品リサイクル法」とは呼
ばれるものの，法律の基本的方向は，まず食品廃棄物の発生抑制を最優先とし，
そのうえで発生してしまったものについて，リサイクル等（飼料化や肥料化，メ
タン化など）を推進する。これは，「循環型社会形成推進基本法」（環境への負荷
が少ない循環型社会の形成を推進する基本的な枠組みとなる法律）における，3Rの

原則にのっとったものである。3Rとは，不要になる物の量自体を減らす「Reduce」，不要になった製品や部品を，その機能や形を生かして再利用する「Reuse」（空き瓶を洗って再利用するなど），不要になったものをいったん原材料に戻してから再利用する「Recycle」（古紙をトイレットペーパーにするなど）の頭文字をとったもので，3Rの原則とは，Reduce が最も環境負荷が少なく，次いで Reuse，その次に Recycle となることから，この環境負荷の少ない順に取り組むべきとする考え方である（3R・低炭素社会検定実行委員会 2014）。

食品リサイクル法では，取り組みの具体的な目標値がおおむね5年ごとに設定される。2019年には，発生抑制について，食品関連事業者34業種で，2023年度を目標年度として，下回るべき基準発生量が個別に設定された。2030年度を目標年次として，サプライチェーン全体で食品ロスを2000年度の半減とするという目標も設定された。リサイクルなども含めた取り組み全体については，取り組み実施率を2024年度までに食品製造業95％，食品卸売業75％，食品小売業60％，外食産業50％とするよう目標が設定された。食品廃棄物等の発生量が年間100トン以上の事業者においては，発生量の定期報告義務が課せられており，取り組みが著しく不十分な場合には罰則が適用されうる。

発生抑制については，2016年の時点では23の業種において，80％の事業者が目標を達成している。リサイクルも含む取り組み全体の実施率は，食品製造業95％，食品卸売業65％，食品小売業49％，外食産業23％となっている（図13－4）。業種によって実施率に違いがみられるのは，製造業では食品廃棄物の性質や量が安定しているため肥料化，飼料化しやすいのに対し，食品小売業，外食産業では性質や量が安定せず，また肥料や飼料に不向きな物質が混入しやすいからである。

② 食品ロス削減推進法

食品ロス削減推進法は，多様な主体が連携して食品ロスの削減を推進することを目的とし，国，自治体，事業者の責務と消費者の役割を明らかにしたものである。2020年3月には規定に基づき「食品ロスの削減の推進に関する基本的な方針」が閣議決定され，各主体が取り組むべき具体的内容が示された。地方自治体には，食品ロス削減推進計画を策定する努力義務が課せられることと

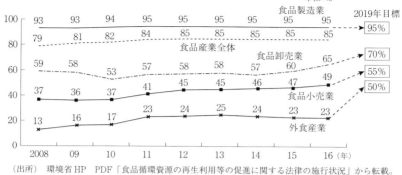

図 13 - 4　食品事業者のリサイクル等実施率

（出所）　環境省 HP　PDF「食品循環資源の再生利用等の促進に関する法律の施行状況」から転載。

なった。国の食品ロス量の推計には含まれていない農業や水産業での未利用食料も，削減の対象として言及されている。ただし，本法律には食品リサイクル法のような罰則規定はなく，各主体の自主的な取り組みでどの程度ロス削減が進むかが注目される。

3 プラスチック製の食品容器包装

(1) プラスチック製容器包装の問題

　弁当の容器，野菜の袋，ジュースの缶，レジ袋など，容器・包装は食品の流通・販売に欠かせないものであり，食品の品質や鮮度の維持にも重要な役割を果たしている。しかしそれらのほとんどは食品の消費とともに不要になりゴミとなる。中でもプラスチック製の容器包装は，家庭ゴミの容積の半分近くを占め，日本全体での排出量は年間400万トンに上ることが環境省やプラスチック循環利用協会から報告されている。ペットボトル以外のプラスチック製容器包装のリサイクル率は45％であり，アルミ缶94％，スチール缶92％，ガラスびん69％，ペットボトル85％と比較して低く，有効利用も十分に進んでいない[(2)]。

　プラスチック製容器包装は製造に多くの化石燃料が使用されるため，地球温暖化の観点から問題視されている。また，自然界で分解しないため，自然界に流出すると生態系へ悪影響を及ぼすという問題もある。学術雑誌 Science に掲載されたレポートでは，世界全体の海洋に流出したプラスチックは中国から

のものが最も多いが，日本からも年間2〜6万トン流出していると推計されている。

(2) 容器包装リサイクル法

1995年に制定された「容器包装に係る分別回収及び再商品化の促進等に関する法律」（略称「容器包装リサイクル法」）により，容器包装の発生抑制とリサイクルが進められてきた。容器包装リサイクル法は，消費者には容器包装の分別排出の責任，市区町村には分別収集の責任，事業者にはリサイクルの物理的責任と財政的責任をそれぞれ課す。対象となる容器包装は，アルミ缶，スチール缶，ペットボトル，プラスチック，紙などマークのあるもの（図13-5），およびガラスびんである。事業者がリサイクルや発生抑制の取り組みを怠った場合には罰則が適用されることもある。

2019年12月には省令が改正され，2020年7月から小売業者においてプラスチック製買物袋（レジ袋）の有料化が義務化された。レジ袋有料化においても取り組み不十分の場合には罰則が適用される。なお海外ではすでに多くの国で，レジ袋の有料化，課税，製造・販売・使用等の禁止が行われている（表13-1）。

〔4〕環境問題とフードビジネス

プラスチック製容器包装については，レジ袋以外においてもフランスや台湾を筆頭に規制が進みつつあり，それと並行して食品メーカーや外食チェーンでも，プラスチックストローの利用廃止や，リサイクル強化等の動きがみられる（環境省 2018）。

食品ロス問題に対する事業者の取り組みも活発化している。2012年には農林水産省の補助事業として，食関連事業者と学識経験者で構成される「食品ロス削減のための商慣習検討ワーキングチーム」が発足し，納品期限緩和の効果の実証実験や業界における導入拡大を進めている。

また，事業者からフードバンクへの規格外品や過剰在庫の寄付も増加している。フードバンクとは，寄付された食料を福祉施設等へ無料で提供する非営利的活動・団体だが，団体数はこの5年で倍増し，2020年3月時点では全国120団体に上る。加えて近年は，過剰在庫を抱える事業者とそれを引き取りたい消

図 13-5　容器包装リサイクル法の対象となる容器包装のマーク

プラスチック製
容器包装

飲料・酒類・特定
調味料用の PET
ボトルを除く

紙製容器包装

飲料用紙パック
（アルミ不使用のもの）
と段ボール製のもの
を除く

飲料・酒類・特定調味料
用の PET ボトル

飲料用スチール缶

飲料用アルミ缶

（出所）　経済産業省 HP「容器包装リサイクル法」より転載。

表 13-1　各国の使い捨てプラスチック対策の動向

対　象	手　法	主な導入国・地域
レジ袋	有料化・課税	韓国，ベトナム，インドネシア，イスラエル／ボツワナ，チュニジア，ジンバブエ／フィジー／コロンビア／ベルギー，ブルガリア，チェコ，デンマーク，エストニア，ギリシャ，ハンガリー，アイルランド，イタリア，ラトビア，マルタ，オランダ，ポルトガル，ルーマニア，スロバキア，キプロス
	製造・販売・使用等の禁止	バングラデッシュ，ブータン，中国，台湾，インド，モンゴル，スリランカ／アフリカ25カ国（コートジボワール，エチオピア，ケニア，モロッコ，セネガル，南アフリカ等）／パプアニューギニア，バヌアツ，マーシャル諸島，パラオ／アンティグア・バーブーダ，ハイチ，パナマ，ベリーズ／フランス
容　器	販売禁止	フランス
	無償提供の禁止	台湾　※方針公表
ストロー	販売禁止	イギリス　※方針公表
	店舗での提供禁止	台湾　※方針公表
カトラリー	販売禁止	フランス

（出所）　環境省（2018）「プラスチックを取り巻く国内外の状況」より転載。2018年 8 月現在。

費者や事業者とをウェブサイトやアプリでマッチングする，「フードシェアリング」と呼ばれる事業も登場している。

　近年，持続可能性を重視する ESG 投資（企業の財務情報だけではなく，環境・社会・ガバナンスに関する取り組みも考慮した投資）が急速に拡大しており，企業にとって，環境問題に十分に対応しないことはもはや経営リスクとさえも考えられている。自然の恵みに支えられているフードビジネスにおいては，環境問題への対応はとりわけ重要である。食品ロスや食品廃棄物，食品容器包装，ま

た，本章では言及できなかった食料の長距離輸送による環境負荷や，食料の生産・製造による環境汚染などへ，積極的に対処していくことが今後ますます求められることになるだろう。

注
(1) 農林水産省HP　PDF「米国・欧州における食品廃棄物削減に向けた食品製造業と流通業による取組み・連携の内容・効果分析と，それらを踏まえたわが国の今後の方策の検討」（2020年5月25日閲覧）に基づく。
(2) 3R推進団体連絡会HP　PDF「容器包装の3R推進のための自主行動計画2020フォローアップ報告（2018年度実績）」（2020年5月25日閲覧）に基づく。

（野々村真希）

推薦図書
FAO（2011）「世界の食料ロスと食料廃棄　その規模，原因および防止策」JAICAF。
小林富雄（2018）『改訂新版　食品ロスの経済学』農林統計出版。
3R・低炭素社会検定実行委員会（編）（2014）『3R低炭素社会検定公式テキスト［第2版］』ミネルヴァ書房。
瀬口亮子（2019）『「脱使い捨て」でいこう！　世界で，日本で，始まっている社会のしくみづくり』彩流社。

練習問題
1．食品製造業，卸売業，小売業，外食産業のうち，食品廃棄物のリサイクル取り組み率が高いのはどれだろう？　反対に，取り組みが進んでいないのはどれだろうか？　また，取り組みが進みやすい・進みにくいのには，どのような理由があるだろうか。
2．食品や飲料の容器包装ごみを減らすにはどうすればよいだろうか？　消費者として実行できそうなこと，事業者に実施してほしいこと，行政に実施してほしいことを考えてみよう。また，それぞれ実際に取り組みが行われているのかどうか調べてみよう。

<table>
<tr><td>

第14章

</td><td>

食料貿易と国際問題

</td></tr>
</table>

《イントロダクション》

　今日では，食料品も他の物品と同様に国境を越えて取引されている。日本もまた多くの食料品を海外から輸入している。その一方で，近年は日本から海外への食料品の輸出の拡大が，日本政府の戦略的目標になっている。本章では，食料品の国際的な取引である貿易について，その制度及び国際ルールについてまず学び，次いで日本の食料貿易の現状について説明する。

キーワード：WTO，GATT，FTA，EPA，開発輸入，食料自給率，農
　　　　　　林水産物・食料の輸出政策

[1] 食料貿易に関わる制度

　国境を越えた物品の取引は貿易と呼ばれる。こうした国境を越えた取引には様々な規制がかけられている。特に農林水産物については，食品としての安全性を確保するための食品検疫や，動植物の病害虫や病気が国内に入り込むことを防ぐための動植物検疫が行われている。さらに，農林水産物・食品に限らず，一般に物品の貿易は各国の税関による通関制度によって管理されており，輸入に際しては，その品ごとに定められた関税が課される。輸入品に関税を課す目的は，その輸入品と競合する国内の産業の保護である。日本でも国内農業を保護するために，輸入農産物に関税が課されている。関税のかけ方には，輸入価額の一定割合を課す従価税が一般的であるが，単位数量当りで課す従量税の方法もある。さらに，特に農産品の場合は，季節によって税率が変わる季節関税のような特殊なものもある。また品目によっては，一定の輸入量までは低率の関税（1次税率，枠内税率）を課し，それを超えると高率の関税（2次税率，枠外税率）を課す関税割当という制度もある。関税以外にも，国の機関や国から指

定された企業がその品目の貿易を独占的に行う国家貿易も農産物の場合にはしばしば見られ，日本の場合は米，小麦，指定乳製品，生糸の輸入が，輸入国家貿易品目となっている。

　このように，貿易には国家による様々な規制がかけられているが，各国政府は自由に規制して良いわけではなく，こうした規制措置のかけ方については国際的なルールがある。次節では，このルールを見てみよう。

［ 2 ］ 貿易の国際ルール

　貿易に関する国際的なルールについて，まず重要なのは国際機関であるWTO（World Trade Organization：世界貿易機関）である。WTO は1995年に設立された国連の専門機関で，貿易の規制を取り除き自由貿易を推進することを目的としている。その前身は1948年に発効した GATT（General Agreement on Tariffs and Trade：ガット；関税及び貿易に関する一般協定）である。

　GATT もまた，世界の貿易自由化を推進するための国際協定であった。これが作られた大きな理由は，1930年代の世界大恐慌時に，主要国が保護主義的なブロック経済政策を採ったことが世界的不況を悪化させ第二次世界大戦の一因になったという教訓である。日本は1955年に GATT に加盟した。

　GATT は「自由・無差別・多角・互恵」を原則とした。GATT のもとでは，加盟国の貿易制限措置は関税のみに限定され，さらにその関税率を削減していくことで貿易の自由化が図られた。また，貿易上の無差別としては，「最恵国待遇の原則」（＝加盟国は，輸入品を輸出国によって差別せず同じ関税率を適用しなければならない），「内国民待遇の原則」（＝加盟国は，輸入品を差別せず国産品と同様に扱わなければならない）が重要原則とされた。さらに，GATT においては，多角的貿易交渉が行われた。これはある一定の期間に加盟国が何度も集まって，関税率の引き下げやその他の貿易政策について交渉を行うもので，有名なものとして，ケネディ・ラウンド（1964〜1967年），東京ラウンド（1973〜1979年），ウルグアイ・ラウンド（1986〜1994年）がある。

　1995年に WTO が発足すると，それまでの GATT は WTO 協定の一部として改正され，発展的に解消した。同時に，TRIM（貿易に関連する投資措置に

関する協定），GATS（サービスの貿易に関する一般協定），TRIPS 協定（知的所有権の貿易関連の側面に関する協定），SPS 協定（衛生植物検疫措置の適用に関する協定）など，貿易に関わる様々なルールが新しく成立した。同時に，貿易に関する紛争解決制度も強化された。

　しかしながら，WTO のもとで2000年から始まったドーハ・ラウンド交渉は難航し，貿易円滑化協定を採択しただけで停滞してしまっている。そのようになった1つの大きな要因は，かつての GATT 時代と比べて加盟国数が大幅に増加したために，各国の意見の対立が大きくなったことである。

　このため，近年，国際的な貿易自由化は FTA（Free Trade Agreement：自由貿易協定）という方法で行われることが多くなった。FTA とは，2国間や特定地域に限って関税の削減や撤廃を合意・実行することで自由貿易のメリットを得る方法である。このような特定相手国や地域からの輸入品に限って関税を削減・撤廃することは，本来は WTO の最恵国待遇の原則に反しているはずだが，WTO 協定の GATT 第24条では一定の要件［①「実質上のすべての貿易」について「関税その他の制限的通商規則を廃止」すること，②廃止は妥当な期間内に行うこと（原則10年以内と理解されている），③域外国に対して関税その他の通商障壁を高めないこと］のもとで認められている。FTA をはじめとした地域貿易協定の締結は，2000年代から世界的に加速し，2021年2月現在で世界に339件存在する（WTO ホームページによる）。

　日本も2002年にシンガポールと EPA（Economic Partnership Agreement：経済連携協定；単に関税撤廃だけでなく，投資ルール，知的財産の保護などを含んだ幅広い経済関係の強化を目指すもの）を結んで以来，21の国・地域と FTA・EPA を署名・締結している（表14-1）。特に近年は，2016年に12カ国で署名された TPP（環太平洋パートナーシップ協定，署名後にアメリカが離脱したため，2018年に残りの11カ国で TPP11 として発効）や，2019年に発効した日 EU・EPA，2020年に発効した日米貿易協定，2020年に15カ国で署名された RCEP（地域的な包括的経済連携協定）など，日本も加わったいわゆる「メガ・FTA」（＝大国同士あるいは大きな広がりを持つ地域を対象とした自由貿易協定[1]）の締結が進んでいる。

表 14-1　日本の EPA・FTA（2021年1月現在）

相　手	発　効	相　手	発　効
シンガポール	2002年11月（2007年9月改正）	インド	2011年8月
メキシコ	2005年4月（2012年4月改正）	ペルー	2012年3月
マレーシア	2006年7月	豪州	2015年1月
チリ	2007年9月	モンゴル	2016年6月
タイ	2007年11月	TPP12	2016年2月署名
インドネシア	2008年7月	TPP11	2018年12月
ブルネイ	2008年7月	EU	2019年2月
ASEAN 全体	2008年12月	米国	2020年1月
フィリピン	2008年12月	RCEP	2020年11月署名
スイス	2009年9月	英国	2021年1月
ベトナム	2009年10月		

注1：TPP12は米国の離脱により未発効。
注2：米国とのものは FTA，その他はすべて EPA。
（出所）外務省ホームページから筆者作成。

③ 国際ルールと食料貿易

　日本は高度経済成長期以降，電機・自動車などの製造業が比較優位産業として急速に国際競争力を強める一方で，農業は比較劣位産業となり国際競争力が弱くなっていった。このために，高度経済成長期以降の外国との貿易自由化交渉においては，農産物輸入の急増を防ぎ国内農業を保護することが，日本政府の基本的な方針となってきた。

　かつての GATT においては，農産物の輸入数量制限が認められるなど，農業は長らく事実上の例外扱いをされてきた。農業分野の自由化が GATT において初めて本格的に取り上げられたのは，1993年末に決着したウルグアイ・ラウンド交渉である。

　ウルグアイ・ラウンドにおいて農業分野の交渉で決められた合意事項は，現在の WTO 農業協定となっている。ここでは様々なことが決められたが，特に市場アクセスの分野では，各国がそれまでの関税以外の国境措置を全面的に関税に置き換えること（＝包括的関税化），関税率の引き下げ，ミニマム・アクセス（＝最低輸入機会）の提供などが取り決められた。これ以外にも，輸出国の輸出補助金の削減や各国の国内農業助成の削減なども決められた。

　この交渉時に日本政府にとって最も重要であったのは，当時ほぼ全く輸入を

認めていなかった米である。交渉の結果，日本は米の国境措置について例外的に関税化を猶予されたが，代償措置としてミニマム・アクセスとして輸入する米の量を多くすることになった。日本はその後1999年に米を関税化したが，その後も毎年約76.7万玄米トンをミニマム・アクセスとして輸入している（ミニマム・アクセス米：MA米）。

2000年代に入ると，WTOドーハ・ラウンド交渉は停滞し，日本も貿易自由化の手法としてFTA・EPAを重視するようになっていった。EPAやFTAの交渉においても，日本は自国にとって重要かつ国際競争力の低い農産品について，できるだけ関税撤廃の例外扱いにするよう交渉している。前節で述べたようにGATT第24条ではFTA締結のための要件として「実質上のすべての貿易について関税その他の制限的通商規則を廃止すること」と規定しているが，この「実質上」の規定は一部の品目を関税撤廃の例外扱いできるという意と解釈されており，日本以外の国が締結したFTAでも同様の解釈によって一部の品目が例外扱いされることが多い。また，関税を削減する場合であっても，ある程度長い年月をかけて段階的に削減する場合も多い。

ここでの日本にとって特に重要な農産品とは，まず最重要なものが米であり，それ以外としては小麦，牛肉・豚肉，乳製品，砂糖原料（サトウキビ，ビート）などである。近年，合意・締結された日EU・EPAや日米貿易協定でも，米は関税削減・撤廃から完全に除外されており，それ以外の重要品目もできるだけ輸入を抑えるような合意内容になっている。

［ 4 ］ 日本の食料の輸出入と輸入食料品のタイプ

ここで，日本の農水産物の輸出入の実際について見てみよう。表14-2は，2018年の日本の農産水産物の輸出入額を示したものである。これを見ると，輸入金額は輸出金額の約10倍であり，日本農業の競争力の弱さが表れている。前節でも触れたが，高度経済成長期以降，日本農業は国際競争力を失った。

輸入の主要な品目については，いくつか特徴的なタイプがある。ここでは2つのタイプを取り上げよう。

第一のタイプは，「とうもろこし」「小麦」「大豆」のような穀物・油糧種子

表 14 - 2　日本の農林水産物輸出入（2019年）

品　目	金　額 (百万円)	上位5位までの輸出入先とシェア（％）
輸出総計	912,095	
輸出上位20品目		
1　アルコール飲料	66,083	米国23.7，中国15.3，香港9.5，台湾9.4，韓国9.3
2　ホタテ貝	44,672	中国60.0，台湾12.0，香港7.2，韓国6.3，米国5.1
3　ソース混合調味料	33,657	米国20.7，台湾17.6，韓国10.0，香港8.2，豪州5.3
4　真珠	32,897	香港86.6，米国5.3，中国2.4，タイ1.3，イタリア1.0
5　清涼飲料水	30,391	米国23.1，香港18.4，米国18.4，豪州8.8
6　牛肉	29,675	カンボジア29.2，香港17.1，台湾12.4，米国10.4，シンガポール5.7
7　ぶり	22,920	米国69.5，ベトナム7.5，中国5.7，香港5.0，タイ2.3
8　なまこ（調製）	20,775	香港89.8，中国8.1，シンガポール1.2，台湾0.4，韓国0.2
9　さば	20,612	ナイジェリア28.4，ベトナム24.7，タイ17.2，エジプト14.0，ガーナ3.5
10　菓子（米菓を除く）	20,156	香港29.1，中国20.9，米国12.5，台湾10.9，韓国5.8
11　たばこ	16,375	香港59.6，中国17.0，台湾5.6，ベトナム5.0，シンガポール4.8
12　かつお・まぐろ類	15,261	タイ40.4，ベトナム11.7，中国9.8，香港9.0，米国6.3
13　丸太	14,714	中国80.7，韓国11.1，台湾6.7，ベトナム1.2，マレーシア0.2
14　緑茶	14,642	米国44.3，台湾10.4，ドイツ8.4，シンガポール6.8，香港4.3
15　りんご	14,492	台湾68.3，香港25.3，タイ3.1，ベトナム1.5，シンガポール0.7
16　播種用の種等	13,108	中国26.0，香港11.6，米国8.7，デンマーク8.4，韓国7.6
17　粉乳	11,263	ベトナム65.7，台湾13.4，香港12.9，カンボジア4.4，中国1.5
18　練り製品	11,168	米国33.8，香港26.0，中国17.4，台湾6.5，韓国2.8
19　スープ　ブロス	10,982	米国18.8，台湾14.6，香港14.2，韓国12.0，シンガポール5.1
20　植木等	9,288	中国72.5，ベトナム14.1，台湾3.6，香港2.3，イタリア1.6
輸入総計	9,519,761	
輸入上位20品目		
1　たばこ	598,699	イタリア30.1，韓国18.4，スイス9.6，ギリシャ7.9，ウクライナ7.8
2　豚肉	505,078	米国25.9，カナダ24.1，スペイン12.8，デンマーク11.6，メキシコ10.6
3　牛肉	385,119	豪州47.6，米国40.5，カナダ5.5，ニュージーランド3.5，メキシコ2.1
4　とうもろこし	384,109	米国69.3，ブラジル28.2，アルゼンチン1.4，ロシア0.6，フランス0.2
5　生鮮・乾燥果実	347,049	フィリピン28.4，米国26.1，ニュージーランド13.0，メキシコ10.2，豪州4.6
6　アルコール飲料	305,597	フランス40.1，英国12.1，米国11.3，イタリア8.1，チリ7.0
7　鶏肉調製品	263,773	タイ64.5，中国34.5，ベトナム0.4，ブラジル0.2，ポーランド0.2
8　木材チップ	260,013	ベトナム25.9，豪州22.0，チリ14.4，南ア10.7，米国7.0
9　製材	229,387	カナダ16.6，ロシア15.9，フィンランド12.3，スウェーデン10.0，米国7.8
10　さけ・ます	221,816	チリ61.6，ノルウェー21.2，ロシア10.0，米国2.4，カナダ1.2
11　冷凍野菜	201,473	中国46.4，米国24.8，タイ6.6，台湾4.1，エクアドル3.5
12　かつお・まぐろ類	190,906	台湾18.9，中国12.7，マルタ10.8，韓国9.0，豪州6.7
13　えび	182,774	ベトナム20.4，インド19.3，インドネシア15.7，アルゼンチン8.9，タイ6.4
14　大豆	167,316	米国70.6，ブラジル14.0，カナダ13.7，ロシア0.1，フランス0.1
15　小麦	160,592	米国45.9，カナダ34.8，オーストラリア17.7，ロシア0.8，ルーマニア0.6
16　ナチュラルチーズ	138,536	豪州27.0，ニュージーランド22.1，米国12.9，オランダ9.0，イタリア7.7
17　鶏肉	135,675	ブラジル69.7，タイ27.3，米国2.3，トルコ0.4，ポーランド0.1
18　コーヒー豆（生豆）	125,290	ブラジル34.5，コロンビア16.7，ベトナム12.4，エチオピア8.6，グアテマラ8.3
19　天然ゴム	122,641	インドネシア65.8，タイ31.0，ベトナム1.6，ミャンマー0.7，マレーシア0.6
20　合板	120,103	マレーシア45.1，インドネシア43.8，中国6.1，ベトナム3.3，ニュージーランド0.4

（出所）　農林水産省『農林水産物輸出入概況 2019年（令和元年）』（原資料は財務省『貿易統計』）

である。これら穀物・油糧種子は，しばしば土地利用型作物とも呼ばれるように，広大な土地を利用することで安価に生産できる品目であり，米国や豪州などの新大陸型の国において競争力がある。日本は，こうした品目については，小麦を除き1960年代やそれ以前から輸入自由化を進め，関税も無税としてきた。言い換えれば，早い時期に国内生産をあきらめた品目である。小麦は国家貿易品目であるものの，やはり早い時期に国内需要のほとんどを輸入に頼るようになった。ただし，穀物のうちで米だけは国内自給にこだわり，現在も強い保護が行われている。また，やはり輸入額の大きい「豚肉」「牛肉」「鶏肉」も，飼料として穀物や牧草を必要とするために広大な土地に依存する品目といえる。

　第二のタイプは，「鶏肉調整品」や「冷凍野菜」などである。これらは，1985年のプラザ合意から急激に円高が進んだことを受けて，1980年代から1990年代にかけて，タイや中国などアジア諸国で「開発輸入」がなされるようになり，急激に輸入が増えた品目である。開発輸入とは，日本企業が，発展途上国にすでにある農産物・食料品を買い付けて輸入するのではなく，その企業が輸入したい農産物・食料品の仕様を輸入先に提示して現地で生産させ，それを買い取る形で輸入する方法である。身近な例で言えば，日本の冷凍食品メーカーが焼き鳥や唐揚げなどの鶏肉加工品をタイや中国で生産させ，輸入して国内で販売するというものである。現在，コンビニエンスストアのレジ横で売られているフライドチキンなどのチキン類や外食レストランのチキン類のメニューは，現地で衣をつけたり揚げたりといった加工まで行ってから輸入されており，店では揚げたり温めたりするだけですぐに売ることができる。冷凍野菜なども同様に開発輸入によって，加工，パッキングまで現地で行われて輸入されている。

　開発輸入では，輸入側の企業が現地に資本を投下して子会社や合弁会社を設立して生産を行う場合と，資本関係のない現地企業に生産を委託する場合とがある。仕様では，使用する原料農水産物・加工方法・製品の規格などについて細かい指示が行われ，生産における技術供与なども行われる。

　このような開発輸入が行われるようになった理由は，日本の経済発展によって日本国内の賃金コストが高騰するとともに，為替レートも大幅に円高になったことである。為替レートの円高によって海外の原料農産物は安価になったが，

原料調達のみならずその加工までも現地の安価な労働力を使って行えば，企業は賃金コストについても大幅に削減できる。また技術面では，冷凍コンテナなど国際的な冷凍物流の技術が進み，加工済み食品の品質を保持したままで輸送できるようになったことも大きい。[(2)]

［5］日本の食料自給率

　以上のように大量の農産物・食料品が輸入される結果，日本の食料自給率は低くなっている。食料自給率は，日本の食料消費が国内生産によってどの程度まかなえているかを示す指標である。食料・農業・農村基本法では，5年に1度作成する食料・農業・農村基本計画において「食料自給率の目標」を立てて農政上の政策目標とすることになっている。毎年の食料自給率は，農林水産省が『食料需給表』の数値に基づいて計算・公表している。この計算ではまず，様々な食料品目について品目別自給率が計算され，さらにそれに基づいて2種類の総合食料自給率が計算される。

　品目別自給率は，品目ごとにその国内生産量を国内消費仕向量で割ったものであり，重量に基づいて計算される。このことを重量ベースという。

　総合食料自給率は食料全体についての自給率であるが，食料品目を単純に重量で合計したのでは意味がないので，意味のある単位に換算したうえで合計している。主な換算法は2つあり，一つは，カロリー（熱量）単位に換算して計算するカロリーベース（供給熱量ベース）総合自給率，もう一つは金額単位に換算して計算する生産額ベース総合自給率である。これらの意味合いを考えると，カロリーベース総合自給率は，カロリーで見てどれだけ食料を国内生産でまかなえているかを意味しており，日本の食料安全保障の状況を評価するものと言える。また，生産額ベース総合自給率は，金額で見て日本の農業が国内需要額のうちどれだけの生産を行っているかを意味するので，経済面で見た日本の農業の活発さを評価するものと言える。なお，総合自給率を計算する際には，たとえ国産の畜産物であっても，輸入飼料に依存して国内生産された部分については国産から除外して計算している。加工品についても同様に，輸入原料分に関して除外している。

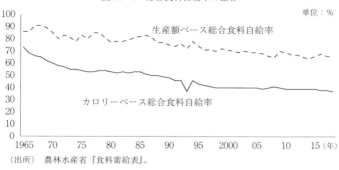

図14-1 総合食料自給率の推移

（出所）　農林水産省『食料需給表』。

　総合食料自給率は，日本農業の国際競争力の低さを反映して，どちらも長期的に低下傾向で推移しており，2018年度のカロリーベース総合自給率は37％，生産額ベース総合自給率は66％であった（図14-1）。

6　日本の農林水産物輸出政策

　ここまでは，日本の農林水産物の輸入について主に説明した。つぎに，輸出の方にフォーカスを当ててみよう。

　すでに述べたように，現状の日本の農林水産物の輸出額は，輸入額と比べてはるかに小さい。しかしながら，近年，日本からの農林水産物・食料品の輸出には大きな期待がかけられている。その大きな理由としては，今後，日本では人口の減少と高齢化によって国内の食料品市場が縮小していくことが見込まれる一方で，世界では人口の増加と経済成長による所得の向上によって食料品需要が増加していくと見込まれていることがある。したがって，日本の農林水産業・食品産業も海外の市場を目指すことが必要と考えられるのである。

　また，寿司などの日本食が海外でブームになっていることや，今後の所得や食料品需要の増加が，日本と地理的・文化的に近いアジア地域で特に大きく見込まれることも，日本からの農林水産物・食料品の需要を伸ばす方向に働くため，有利であると考えられる。

　このために，日本政府も近年，農林水産物・食料品の輸出促進政策をとってきた。例えば，2005年には，2009年までの5年間で農林水産物の輸出額を倍増

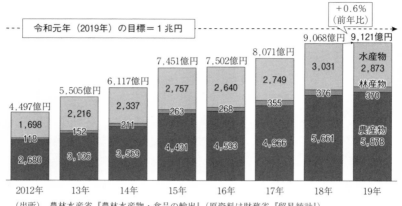

図14-2　日本の農林水産物輸出額（2012年～2019年）

（出所）　農林水産省『農林水産物・食品の輸出』（原資料は財務省『貿易統計』）。

させる（約6000億円へ）という目標を設定したし，その後の「21世紀新農政2007」においても，2013年までに輸出額1兆円規模を目指すことを目標とした。ただし，これらの目標は，実際には達成できなかった。しかしながら，2013年に当時の安倍政権が「攻めの農林水産業」の一環として定めた，農林水産物・食料品の輸出額を2012年の約4500億円から2020年に1兆円まで伸ばすという目標は，その後輸出額が順調に伸びたため，途中で1兆円達成の目標年を2019年へと前倒ししたほどであった。

　図14-2は，2012年から2019年までの日本の農林水産物・食料品の輸出を示したものである。2019年の農林水産物・食料品の輸出額は9121億円と2012年から約2倍に増え，結果的に政府目標の1兆円には届かなかったものの健闘したといえる。

　図14-3の左側は，2019年の日本の農林水産物・食料品の輸出を品目別に見たもの，右側は相手先別に見たものである。日本の農林水産物輸出は，かつてはアメリカ向けが最も多かったが，近年はアジア地域向けが大きく伸びていることが特徴で，ここでも1位が香港，2位が中国となっている。先に述べたように，アジア地域では，今後も経済成長によって食料品市場の規模が拡大することが期待されるため，日本からの輸出額においても今後もさらなる拡大が期待できる。

図 14-3　日本の農林水産物輸出額（品目別・地域別）

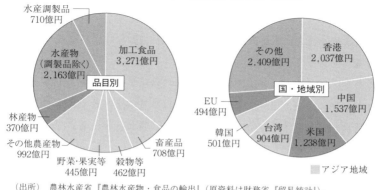

（出所）　農林水産省『農林水産物・食品の輸出』（原資料は財務省『貿易統計』）。

　こうしたことから，政府も農林水産物・食品の輸出をさらに後押ししようとしている。2020年3月に新しく制定された食料・農業・農村基本計画では，施策の一環として「グローバルマーケットの戦略的な開拓」が掲げられ，農林水産物・食品の輸出額の目標は，2025年に2兆円，2030年に5兆円とされた。

　また，2019年11月には，農林水産物・食品輸出促進法が制定され，2020年4月に施行された。これに基づき2020年4月に「農林水産物・食品輸出本部」が農林水産省に設置された。これは，それまで外務省や厚生労働省など関係省庁にまたがっていた農林水産物・食品輸出関連の国際交渉や国内体制整備の実務を一元化することで，輸出拡大につなげることを狙ったものである。

　今後，さらに輸出を増やしていくためには，①輸出インフラの整備を進める［輸出先の衛生基準（HACCP認証など）に適合する施設や品質劣化を防ぐ施設］，②各国が輸入品に課している動植物検疫条件や放射性物質の条件などを緩和させるよう国際交渉を行う，③戦略的にマーケティングを行っていく（ジャパンブランドの普及定着，産地間連携による輸出先への安定供給，これまでの高価な高級品市場のみへの供給から中級品市場への販路拡大），などが必要と考えられる。

7　食料貿易とフードビジネス

　本章で見てきたように，日本は国内農業保護の観点から，特に国内農業への影響の大きい米やその他の重要品目について輸入を制限してきた。他方で，そ

れ以外の食料品については多くを輸入に頼っており，輸入食料品はわれわれの豊かな食生活を支える存在になっている。日本の企業もこれまで，国内の賃金水準の高騰や為替レートの変動などのマクロ経済の変化に対応して，開発輸入などの戦略を採ってきた。

　今後も企業は，新しい経済環境に対応した戦略を採っていくであろう。こうした中で，特に前節で述べた海外における日本食のブームや日本産の農林水産物・食料品への需要の伸びは，日本の農林水産業と企業にとって新しいビジネスチャンスになることが期待される。

注
(1)　メガ FTA については別の定義として，「アメリカ，日本，中国，EU など，経済規模が大きな国が 2 つ以上加わった FTA」というものもある。
(2)　近年では，タイや中国などのアジア諸国は，その所得水準の向上によって，日本企業にとって生産地としてだけでなく，販売先としても重要になってきている。

（金田憲和）

推薦図書

作山巧（2019）『食と農の貿易ルール入門——基礎から学ぶ WTO と EPA／TPP』昭和堂。
大塚茂・松原豊彦編（2004）『現代の食とアグリビジネス』有斐閣。
斎藤高宏（1997）『開発輸入とフードビジネス』農林統計協会。
大島一二監修，大島一二・石塚哉史・成田拓未・菊地昌弥編著（2015）『日系食品産業における中国内販戦略の転換（日本農業市場学会研究叢書）』筑波書房。
斎藤修監修，下渡敏治・小林弘明編（2014）『グローバル化と食品企業行動（フードシステム学叢書）』農林統計出版。

練習問題

1．「開発輸入」とはどのようなことか？　それはどのような品目で行われてきたのか？　なぜ行われてきたのか？
2．日本からの農林水産物・食料の輸出は，期待されているように伸びるだろうか？　様々な条件を考慮して，考えてみよう。

引用・参考文献

安部新一（2019）「第 7 章　食肉」日本農業市場学会編『農産物・食品の市場と流通』
　　筑波書房，pp. 90-105。

石毛直道（2015）「日本の食文化研究」『社会システム研究』特集号：9-1。

依田高典（2018）「京大生の80％が陥る 2 つの認知バイアスとは？」巻末解説ミシェ
　　ル・バデリー著，土方奈美訳，依田高典（解説・解題）『行動経済学：エッセンシャ
　　ル版』早川書房。

依田高典・後藤励・西村周三編著（2009）『行動健康経済学──人はなぜ判断を誤るの
　　か』日本評論社。

今田純雄「第 1 章食行動への心理学的接近」中嶋義明・今田純雄編『人間行動学講座第
　　2 巻食行動の心理学』朝倉書店，1996，pp. 10-22。

岩成和子「食卓多様化の流れからみる中食の位直づけ──社会が変わる，食パターンが
　　変わる」『食品と科学』42(9)，2000，pp. 73-76。

岩淵道生（1996）『外食産業論──外食産業の競争と成長』農林統計協会，pp. 35-38。

岩間信之編著（2017）『都市のフードデザート問題──ソーシャル・キャピタルの低下
　　が招く街なかの「食の砂漠」』農林統計協会。

氏家清和（2019）「消費者の食品リスクに対する行動と風評」『農業経済学事典』丸善出
　　版。

畝山智香子（2009）『ほんとうの「食の安全」を考える──ゼロリスクという幻想』化
　　学同人。

梅本雅（2014）「農業経営における規模論の展開」日本農業経営学会編『農業経営の規
　　模と企業形態──農業経営における基本問題』農林統計出版。

大浦裕二（2012）「食に関する多様な消費者行動の解明に向けた視点と方法」『フードシ
　　ステム研究』19(2)，pp. 46-49。

大浦裕二・山本淳子・小野央・本田亜利沙・中嶋晋作（2013）「消費者向けカット野菜
　　の商品特性に関する一考察」『フードシステム研究』20(3)，pp. 269-274。

小田滋晃（2019）「農産物流通のスマート化：概論」農業情報学会編『新スマート農業
　　──進化する農業情報利用』農林統計出版。

亀岡孝治（2019）「果樹作：概論」農業情報学会編『新スマート農業──進化する農業
　　情報利用』農林統計出版。

川端基夫（2016）『外食国際化のダイナミズム──新しい「越境のかたち」』新評論，

　　pp. 28-29, pp. 170-173。

環境省（2018）「プラスチックを取り巻く国内外の状況」環境省。

木島実（2016）「6章 食品の流通」高橋正郎監修，清水みゆき編『食料経済学　フード
　　システムから見た食料問題　第5版』オーム社。

草苅仁（2006）「家計生産の派生需要としての食材需要関数の推計」『2006年度日本農業
　　経済学会論文集』，pp. 139-144。

栗山浩一（2017）「世界の環境問題と農林業」小池恒男・新山陽子・秋津元輝編『新版
　　キーワードで読みとく現代農業と食料・環境』昭和堂。

経済産業省HP「経済センサス」HP（2020年5月30日閲覧）。

小池（相原）晴伴（2019）「第4章　米」日本農業市場学会編『農産物・食品の市場と
　　流通』筑波書房，pp. 52-63。

小林富雄（2018）『改訂新版　食品ロスの経済学』農林統計出版。

小峰彩奈・若林英里・大浦裕二・玉木志穂・山本淳子（2020）「若年層の果物購買場面
　　における情報過負荷の発生状況に関する研究」『フードシステム研究』26(4)，pp.
　　295-300。

斎藤修監修，茂野隆一編集，竹見ゆかり（2016）「総論2　食料消費行動分析の動向と
　　展望（担当：茂野隆一）」『フードシステム学叢書　第1巻　現代の食生活と消費行
　　動』pp. 21-30。

斎藤修監修，茂野隆一編集，竹見ゆかり（2016）「わが国における青果物購買行動の基
　　本的特徴（担当：大浦裕二）『フードシステム学叢書　第1巻　現代の食生活と消費
　　行動』pp. 259-274。

坂爪浩史（2019）「第5章　青果物」日本農業市場学会編『農産物・食品の市場と流通』
　　筑波書房，pp. 64-75。

株式会社サラダクラブ（2019）「パッケージサラダの利用意向」サラダ白書2019　PDF
　　（2020年12月27日閲覧）。

茂野隆一（2004）「食料消費における家事の外部化——需要体系による接近」『生活経済
　　学研究』19，pp. 147-158。

―――（2019）「行動意思決定論」『農業経済学事典』丸善出版。

食品産業センター（2019）『食品産業統計年報　令和元年度版』。

食品ロスの削減に向けた検討会（2008）「食品ロスの現状とその削減に向けた対応方向
　　について——食品ロスの削減に向けた検討会報告」農林水産省。

菅原幸治（2019）「スマートフードチェーン」野口伸監修『スマート農業の現場実装と
　　未来の姿』北海道協同組合通信社。

―――（2019）「露地野菜の生育・出荷予測システム」農業情報学会編『新スマート農
　　業——進化する農業情報利用』農林統計出版。

3R・低炭素社会検定実行委員会（編）（2014）『3R・低炭素社会検定公式テキスト［第2版］』ミネルヴァ書房。

関谷直也（2003）「「風評被害」の社会心理―「風評被害」の実態とそのメカニズム―」『災害情報』Vol. 1, pp. 78-89。

瀬口亮子（2019）『「脱使い捨て」でいこう！世界で，日本で，始まっている社会のしくみづくり』彩流社。

総務省「日本標準産業分類」HP　PDF（2020年5月30日閲覧）。

高橋克也（2016）「高齢者の食と健康――食料品アクセス問題の視点から」『農業と経済』82(7), pp. 119-128。

竹下広宣・草苅仁（2019）「食品表示」『農業経済学事典』丸善出版。

谷顕子・草苅仁（2017）「日本の貧困世帯における食料消費の特徴：母子世帯を対象とした実証分析」『農業経済研究』, 88(4), pp. 406-409。

寺島一男・神成淳司（2019）「社会実装が始まったスマート農業」神成淳司監修（2019）『スマート農業――自動走行，ロボット技術，ICT・AIの利活用からデータ連携まで』NTS。

東洋経済新報社（2020）『会社四季報2020年2集』。

時子山ひろみ（2012）『安全で良質な食生活を手に入れる　フードシステム入門』「第4章　食生活の四方向」放送大学叢書, pp. 59-75。

ドラッカー，P. F. 上田惇生訳（2001）『マネジメント エッセンシャル版』ダイヤモンド社　p. 17。

内閣府 HP　PDF「農林水産戦略協議会　平成29年度重きを置くべき施策一覧表」（2020年5月28日閲覧）。

永井竜之介（2015）「消費者の混乱に対するアプローチ」『日本マーケティング学会』34(4), pp. 185-195。

中川博視（2019）「生育管理におけるデータ・情報活用」神成淳司監修（2019）『スマート農業――自動走行，ロボット技術，ICT・AIの利活用からデータ連携まで』NTS。

長坂善禎（2019）「自動操舵システム」農業情報学会編『新スマート農業――進化する農業情報利用』農林統計出版。

中嶋康博（2004）『食品安全問題の経済分析』日本経済評論社, pp. 1-240。

新山陽子（2012），「食品安全のためのリスクの概念とリスク低減の枠組み」『農業経済研究』84(2), pp. 62-79。

新山陽子・西川朗・三輪さち子（2007）「食品購買における消費者の情報処理プロセスの特質――認知的概念モデルと発話思考プロトコル分析」『フードシステム研究』14(1), pp. 15-33。

新山陽子・鬼頭弥生・細野ひろみ・河村律子・工藤春代・清原昭子（2011）「食品由来

のハザード別にみたリスク知覚構造モデル——SEM による諸要因の複雑な連結状態の解析」『日本リスク研究学会誌』21(4)，pp. 295-306。

日本惣菜協会（2018）『2018年版 惣菜白書——拡大編集版』産経広告社。

日本農業経済学会編（2019）『農業経済学事典』丸善出版。

(公社) 日本フードスペシャリスト協会 編『三訂 食品の消費と流通』建帛社。

日本マーケティング協会 HP「マーケティングの定義」（2020年5月31日閲覧）。

農業データ連携基盤協議会（WAGRI）HP（2020年5月28日閲覧）。

農研機構 HP「戦略的イノベーション創造プログラム（SIP）第2期 スマートバイオ産業・農業基盤技術」（2020年5月28日閲覧）。

農畜産業振興事業団企画情報部情報第一課（2001）「統計解説：鶏卵の卸売価格について」『畜産の情報』2001年10月号 HP（2020年4月13日閲覧）。

農林業センサス（2015）農林業センサス等に用いる用語の解説（参考資料5），pdf，p. 21。

農林水産省「食品廃棄物等の利用状況等 平成29年度推計値」PDF。

———「産業連関表」HP（2020年8月4日閲覧）。

———「食品産業戦略 食品産業の2020年代ビジョン」HP PDF（2020年8月15日閲覧）。

———「「スマート農業の実現に向けた研究会」検討結果の中間とりまとめ」HP PDF（2020年5月28日閲覧）。

———「農業機械の自動走行に関する安全性確保ガイドライン」HP PDF（2020年5月28日閲覧）。

———（2019）『食料・農業・農村白書令 和元年版』農林統計協会。

———（2020）「食品ロス及びリサイクルをめぐる情勢」PDF。

———総合食料局（2009）『外食産業に関する基本調査結果』農林水産省総合食料局。

野々村真希（2016）「食品処分における消費者の情報処理プロセスの解明——発話思考プロトコル分析法を用いて」『フードシステム研究』22(4)，pp. 387-398。

———（2020）「家庭の食品ロスと消費者——意識・行動の実態と行動変容のための介入」廃棄物資源循環学会誌，33(4)，pp. 253-261。

博報堂広報室「子育てママの家事の時短」（2017年4月）PDF，p. 3（2020年8月7日閲覧）。

藤島廣二（2009）「第1章 流通とは何か」藤島廣二・安部新一・宮部和幸・岩崎邦彦『食料・農産物流通論』筑波書房。

米国マーケティング協会（AMA）HP の Definition of Marketing（2020年5月31日閲覧）。

ベサンコ，デイビット／ドラノブ，デイビッド／シャンリー，マーク著，奥村昭博・大林厚臣監訳（2011）『戦略の経済学』ダイヤモンド社。

星岳彦（2019）「施設園芸・植物工場：概論」農業情報学会編『新スマート農業——進化する農業情報利用』農林統計出版。

細野ひろみ・工藤春代・新山陽子（2006）「畜産物の商品選択における情報処理プロセス——店頭行動観察法と情報提示板（IDB）法を用いて」『2006年度日本農業経済学論文集』pp. 158-165。

町田武美（2019）「記念出版にあたって」農業情報学会編『新スマート農業——進化する農業情報利用』農林統計出版。

松田敏信（2019）「エンゲル係数とエンゲルの法則」『農業経済学事典』丸善出版。

三坂昇司（2011）「消費者の店舗選択行動における研究課題」『流通情報』，pp. 49-55。

宮部和幸（2019）「農産物流通における ICT 利用」農業情報学会編『新スマート農業——進化する農業情報利用』農林統計出版。

薬師寺哲郎（2015）『超高齢社会における食料品アクセス問題——買い物難民，買い物弱者，フードデザート問題の解決に向けて』ハーベスト社。

———（2017）「食料消費の将来推計」『食料供給プロジェクト【品目別】研究資料』第4号，農林水産政策研究所。

矢野泉（2008）「第7章 水産物」日本農業市場学会編『食料・農産物の流通と市場Ⅱ』筑波書房，pp. 115-133。

吉田智一（2019）「圃場生産情報管理におけるデータ活用」神成淳司監修（2019）『スマート農業——自動走行，ロボット技術，ICT・AI の利活用からデータ連携まで』NTS。

Caswell, J. A. (1992). Current Information Levels on Food Labels. *American Journal of Agricultural Economics*. 74 (5): pp. 1196-1201.

Codex Alimentarius Commission (2003), *The Recommended International Code of Practice, General Principles of Food Hygiene CAC/RCP* 1-1969. Rev. 4-2003.

Codex Alimentarius Commission (2007), *Working Principles for Risk Analysis for Food Safety for Application by Governments*.

FAO（2011）「世界の食料ロスと食料廃棄 その規模，原因および防止策」JAICAF。

FAO/WHO (2006), *Food Safety Risk Analysis; a Guide for National Food Safety Authorities*.（林裕造監訳（2008），『食品安全リスク分析——食品安全担当者のためのガイド』日本食品衛生協会）

JA 全農たまご（株）HP（2020年4月13日閲覧）。

Pan, Y., and G. M. Zinkhan (2006), "Determinants of retail patronage: A meta-analytical perspective," *Journal of Retailing*, 82(3), pp. 229-243.

Slovic, P. (1999) Trust, Emotions, Sex, Politics, and Science: Surveying the Risk-Assessment Battlefield, *Risk Analysis*, Vol. 19(4), 689-701.

索　引

*は人名

《執筆者紹介》 所属，執筆分担，執筆順　＊は編著者

＊大浦裕二（おおうら　ゆうじ）序文・第3章

　　編著者紹介欄参照

＊佐藤和憲（さとう　かずのり）序文

　　編著者紹介欄参照

　中嶋晋作（なかじま　しんさく）第1章

　　明治大学農学部食料環境政策学科准教授
　　専門分野：農業経済学，フードシステム論

　菊島良介（きくしま　りょうすけ）第1章

　　東京農業大学国際食料情報学部食料環境経済学科助教
　　専門分野：農業経済学，フードシステム論

　八木浩平（やぎ　こうへい）第2章

　　神戸大学大学院農学研究科准教授
　　専門分野：農業経済学，フードシステム論，計量経済学

　山本淳子（やまもと　じゅんこ）第2章

　　農業・食品産業技術総合研究機構ユニット長
　　専門分野：農業経営学，消費者行動論

　玉木志穂（たまき　しほ）第3章

　　農林水産政策研究所研究員
　　専門分野：食料消費分野，食行動論

　上岡美保（かみおか　みほ）第4章

　　東京農業大学国際食料情報学部国際食農科学科教授
　　専門分野：食料経済学，食育と食生活論

　菊地昌弥（きくち　まさや）第5章

　　桃山学院大学ビジネスデザイン学部ビジネスデザイン学科教授
　　専門分野：農業市場論，食品産業論，フードシステム論

　清野誠喜（きよの　せいき）第6章

　　昭和女子大学食健康科学部食安全マネジメント学科教授
　　専門分野：フードシステム論，食品マーケティング論

内藤重之 （ないとう　しげゆき）**第 7 章**
　　琉球大学農学部亜熱帯地域農学科教授
　　専門分野：農業経済学，農業市場論，農産物流通論

河野恵伸 （こうの　よしのぶ）**第 8 章**
　　福島大学農学群食農学類農業経営学コース教授
　　専門分野：農業経済学，農産物マーケティング論，フードシステム論

櫻井清一 （さくらい　せいいち）**第 9 章**
　　千葉大学大学院園芸学研究院教授
　　専門分野：農産物流通論，農村社会学

松本浩一 （まつもと　ひろかず）**第10章**
　　農業・食品産業技術総合研究機構ユニット長
　　専門分野：農業経営学，経営計画論，財務管理論

菅原幸治 （すがはら　こうじ）**第10章**
　　農業・食品産業技術総合研究機構グループ長
　　専門分野：農業情報学，野菜園芸学

高橋克也 （たかはし　かつや）**第11章**
　　農林水産政策研究所総括上席研究官
　　専門分野：フードシステム論

鬼頭弥生 （きとう　やよい）**第12章**
　　京都大学大学院農学研究科講師
　　専門分野：食品安全問題，リスク認知，消費者行動論，フードシステム論

野々村真希 （ののむら　まき）**第13章**
　　東京農業大学国際食料情報学部食料環境経済学科助教
　　専門分野：食品ロス，フードシステム論，消費者行動論

金田憲和 （かなだ　のりかず）**第14章**
　　東京農業大学国際食料情報学部食料環境経済学科教授
　　専門分野：農業経済学，農産物貿易論

《編著者紹介》

大浦裕二（おおうら　ゆうじ）

　　1991年　滋賀大学経済学部卒業
　　2004年　博士（農学，筑波大学大学院生命環境科学研究科）
　　現　在　東京農業大学国際食料情報学部食料環境経済学科教授
　　主　著　『直売型農業・農産物流通の国際比較』（共著）農林統計協会，2011年
　　　　　　『青果物購買行動の特徴と店頭マーケティング』（共著）農林統計協会，2009年
　　　　　　『現代の青果物購買行動と産地マーケティング』農林統計協会，2007年

佐藤和憲（さとう　かずのり）

　　1977年　千葉大学園芸学部卒業
　　1995年　博士（農学，広島大学）
　　現　在　東京農業大学国際食料情報学部国際バイオビジネス学科　嘱託教授
　　主　著　『フードシステム革新のニューウェーブ』（編著）日本経済評論社，2016年
　　　　　　『農業経営の新展開とネットワーク（日本農業経営年報 No.4）』（共編著）農林統計協会，
　　　　　　2005年
　　　　　　『青果物流通チャネルの多様化と産地のマーケティング戦略』養賢堂，1998年

フードビジネス論
——「食と農」の最前線を学ぶ——

2021年5月20日　初版第1刷発行　　　　　　　〈検印省略〉
2023年1月30日　初版第2刷発行

定価はカバーに
表示しています

編著者　大　浦　裕　二
　　　　佐　藤　和　憲

発行者　杉　田　啓　三

印刷者　坂　本　喜　杏

発行所　株式会社　ミネルヴァ書房

607-8494　京都市山科区日ノ岡堤谷町1
電話代表 075-581-5191
振替口座 01020-0-8076

© 大浦, 佐藤ほか, 2021　　冨山房インターナショナル・新生製本

ISBN 978-4-623-09116-4

Printed in Japan

グローバル競争と流通・マーケティング

流通の変容と新戦略の展開

齋藤雅通・佐久間英俊編著　Ａ５判　264頁　本体2800円

産業構造の変容と政策革新とは。社会的・歴史的視座から市場環境を捉え，企業と消費生活の現状を考察する。

サービス・マーケティング概論

神原　理編著　Ａ５判　244頁　本体2800円

基礎から研究アプローチまで徹底的に学べる！　外食サービス，保険，スポーツビジネス，NPO 等のケーススタディも充実。

現代の食料・農業・農村を考える

藤田武弘・内藤重之・細野賢治・岸上光克編著　Ａ５判　284頁　本体2800円

今起こっている日本の食と農と地域についての課題を，田園回帰，関係人口，都市農村共生型社会といったキーワードにも注目しつつ考察。

いま問われる農業戦略

規制・TPP・海外展開

長命洋佑・川崎訓昭・長谷祐・小田滋晃・吉田誠・坂上隆・岡本重明・清水三雄・清水俊英著　四六判　352頁　本体3000円

研究者，実務家，企業担当者らが，農業をとりまく問題を明らかにし，ビジネスとしての解決策を論じる。

ミネルヴァ書房

http://www.minervashobo.co.jp/